Mathematik

P. Smith & B. Owen

Einfache geometrische Übungen

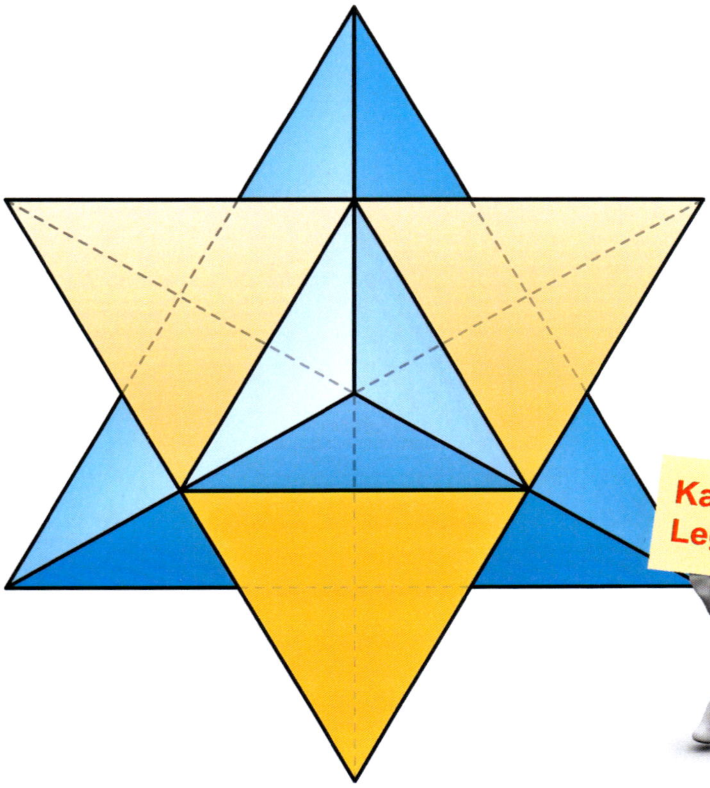

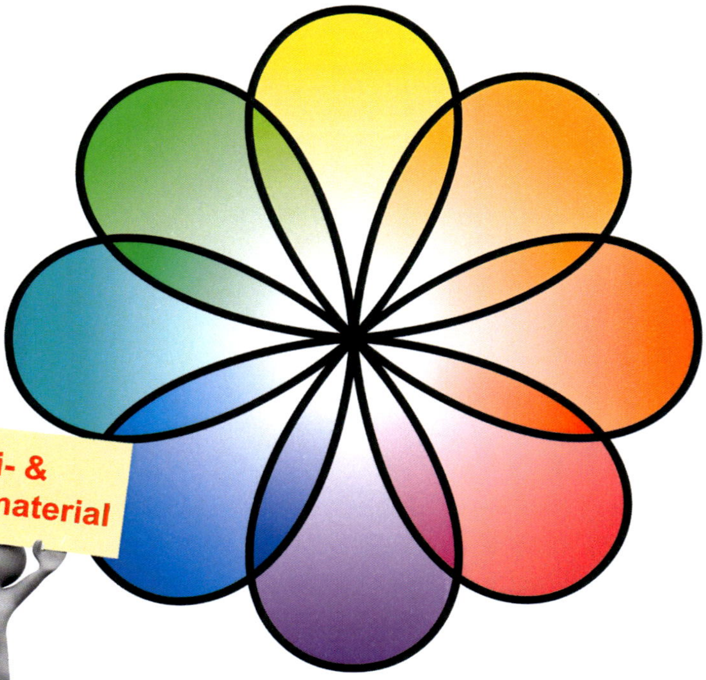

Flächen & Körper

Farbiges Legematerial

www.kohlverlag.de

Einfache geometrische Übungen

Flächen und Körper

4. Auflage 2023

Inhalt: Kohl-Verlag
Coverbild: © Peter Hermes Furian - fotolia.com
Grafik & Satz: Kohl-Verlag
Druck: farbo prepress GmbH, Köln

Bildquellennachweis:

Seite 3: © contrastwerkstatt - Fotolia.com,
Seite 25: © euthymia - Fotolia.com, © polygraphus - Fotolia.com, © rdnzl - Fotolia.com, © Oleksandr Delyk - Fotolia.com
Seite 27: © frenta - Fotolia.com, © MovingMoment - Fotolia.com
Seite 29: © Natis - Fotolia.com, © Timmary - Fotolia.com, © tunedin - Fotolia.com, © Artem Zamula - Fotolia.com
Seite 31: © Jag-cz - Fotolia.com, photosvac - Fotolia.com
Seite 33: © yauhenka - Fotolia.com, © Cobalt - Fotolia.com, © ymgerman - Fotolia.com
Seite 35: © gcpics - Fotolia.com, © womue - Fotolia.com, © goodween123 - Fotolia.com
Seite 37: © Nadalina - Fotolia.com, © Smileus - Fotolia.com, © Guzel Studio - Fotolia.com,
© montego6 - Fotolia.com, © rprongjai - Fotolia.com
Seite 41 + 42: © stockphoto-graf - Fotolia.com, © Christa Eder - Fotolia.com, © by-studio - Fotolia.com,
© topae - Fotolia.com, © rukanoga - Fotolia.com, © JiSign - Fotolia.com

Bestell-Nr. 15 013

ISBN: 978-3-95686-787-3

Inhalt

Seite:

Vorwort

„Hilf mir, es selbst zu tun!"

Auf diesem Leitmotiv basiert die Arbeit Maria Montessoris. Die Schule schwenkt vom Frontalunterricht zum selbstständigen Erarbeiten um. Die natürliche Neugierde der Schülerinnen und Schüler wird genutzt und zielgerichtet eingesetzt. Die Kinder benötigen dazu eine Umgebung, die der eigenen Entdeckerfreude, dem Lernwillen und dem Drang nach Selbstständigkeit Raum lässt. Maria Montessori hat dazu Lernmaterialien entwickelt, die den Kindern Lerninhalte spielerisch vermitteln und Lerntheorien ganz praktisch in die Tat umsetzen.

Damit soll Lehrern, Erziehern und natürlich den Kinder Material in die Hand gegeben werden, mit dem sie, dem vorgegebenen Grundsatz nach, arbeiten und lernen können.

Viel Freude und Erfolg wünschen Ihnen und den Kindern

P. Smith & B. Owen

Methodisch-didaktische Hinweise

Es bietet sich an, die Karten für die Legekreise vor dem Ausschneiden zu laminieren. Die laminierten Legekreise erhalten so ihre Farbintensität, sind strapazierfähiger und langlebiger.

Dieses Arbeitsmaterial umfasst die Grundlagen der einfachen Geometrie. Die Kinder können durch das Legen zweier Legekreise die Welt der mathematischen Flächen und Körper erfahren. Jeder Legekreis setzt sich aus sieben Bereichen zusammen. Die Kinder erfahren, mit welchen Formeln Flächeninhalt oder Umfang der gängigen Flächen berechnet werden. Im Bereich der Körper stehen Formeln zur Volumen-, Oberflächen- bzw. Mantelflächenberechnung zur Verfügung. Darüber hinaus können die Kinder mathematische Körper in Realbildern erfahren, sowie auf die Zusammensetzung mehrerer unterschiedlicher Körper schließen.

Sie finden zu beiden Legekreisen ergänzendes Übungsmaterial in Form von Kopiervorlagen, mit denen die Schüler ihr neuerworbenes Wissen sogleich praktisch anwenden und damit vertiefen können. Für diese Seiten stehen Ihnen Lösungen zur Verfügung.

Die Flächen

Die Körper

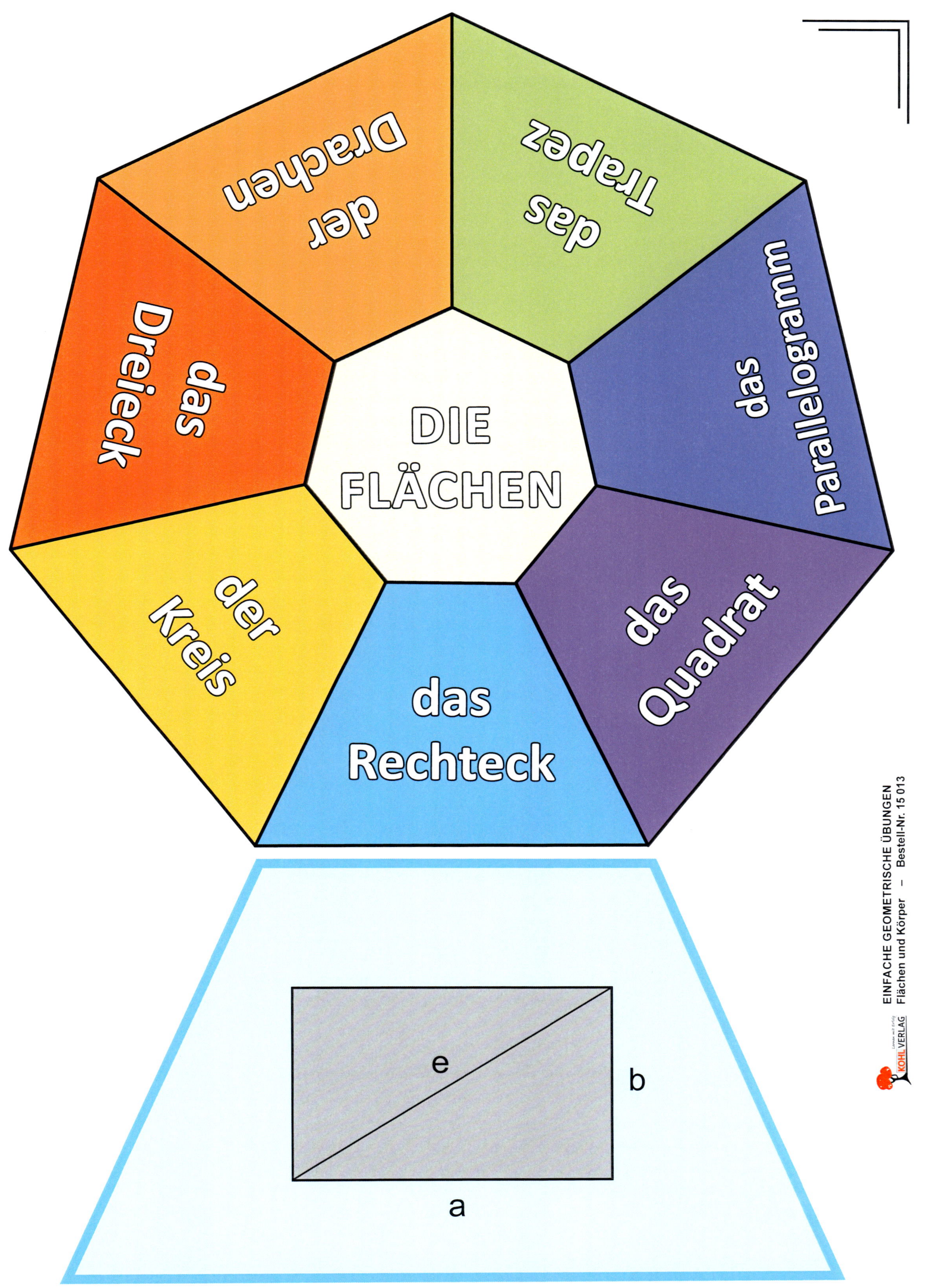

EINFACHE GEOMETRISCHE ÜBUNGEN
Flächen und Körper – Bestell-Nr. 15 013
KOHL VERLAG

DIE FLÄCHEN

Eigenschaften des Rechtecks:

Sich gegenüberliegende Seiten sind gleich lang.

Alle Diagonalen sind gleich lang.

Die Diagonalen halbieren einander.

EINFACHE GEOMETRISCHE ÜBUNGEN
Flächen und Körper – Bestell-Nr. 15 013
KOHL VERLAG

Formel Flächeninhalt Rechteck:

$$A = a \cdot b$$

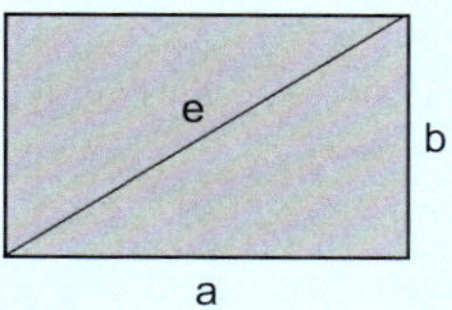

Formel Umfang Rechteck:

$$u = 2 \cdot (a + b)$$

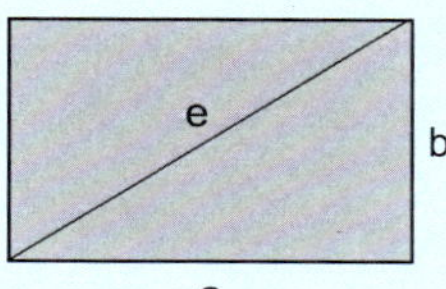

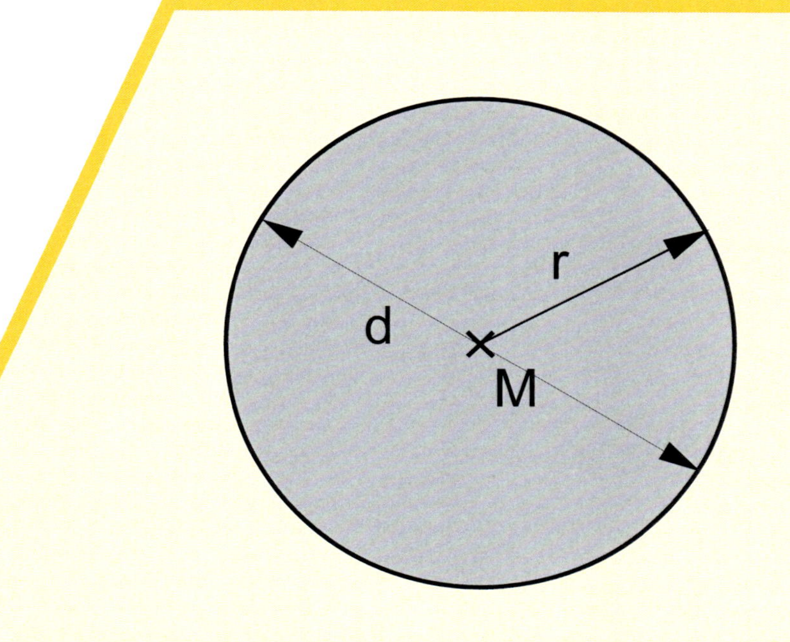

Formel Flächeninhalt Kreis:

$$A = \pi \cdot r^2$$

oder:

$$A = \pi \cdot \left(\frac{d}{2}\right)^2$$

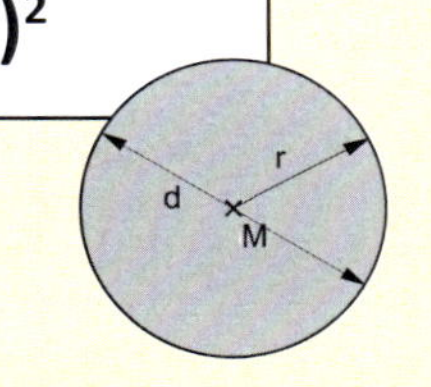

Formel Umfang Kreis:

$$u = 2 \cdot \pi \cdot r$$

oder:

$$u = \pi \cdot d$$

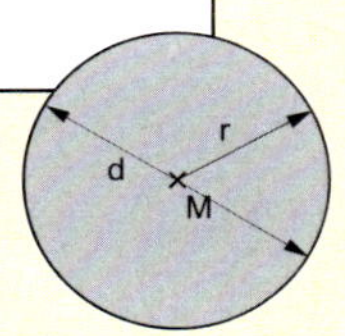

Beispiel:

Ein Rechteck hat die Seitenlängen 4 cm und 6 cm. Berechne den Umfang.

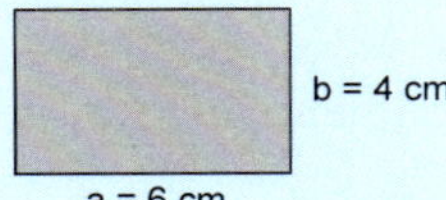

$\mathbf{u = 2 \cdot (a + b)}$
$u = 2 \cdot (6 + 4)$
$u = 20$

Lösung: Der Umfang beträgt 20 cm.

Beispiel:

Ein Rechteck hat die Seitenlängen 4 cm und 6 cm. Berechne den Flächeninhalt.

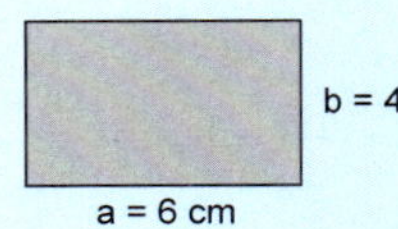

$\mathbf{A = a \cdot b}$
$A = 6 \cdot 4$
$A = 24$

Lösung: Der Flächeninhalt beträgt 24 cm^2.

Eigenschaften des Kreises:

Der Abstand zum Mittelpunkt des Kreises ist immer gleich (= Radius).

Der Durchmesser bezeichnet die Verbindung zweier Punkte durch den Mittelpunkt.

Beispiel:

Ein Kreis hat einen Radius von 8 cm. Berechne den Umfang.

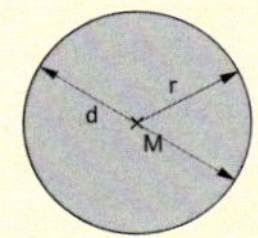

$\mathbf{u = 2 \cdot \pi \cdot r}$
$u = 2 \cdot \pi \cdot 8$
$u = 50{,}27$

Lösung: Der Umfang beträgt 50,27 cm.

Beispiel:

Ein Kreis hat einen Radius von 8 cm. Berechne den Flächeninhalt.

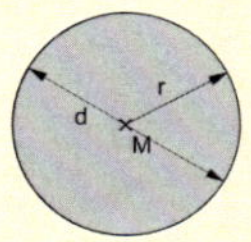

$\mathbf{A = \pi \cdot r^2}$
$A = \pi \cdot 8^2$
$A = 201{,}06$

Lösung: Der Flächeninhalt beträgt 201,06 cm^2.

EINFACHE GEOMETRISCHE ÜBUNGEN
Flächen und Körper – Bestell-Nr. 15 013
KOHL VERLAG

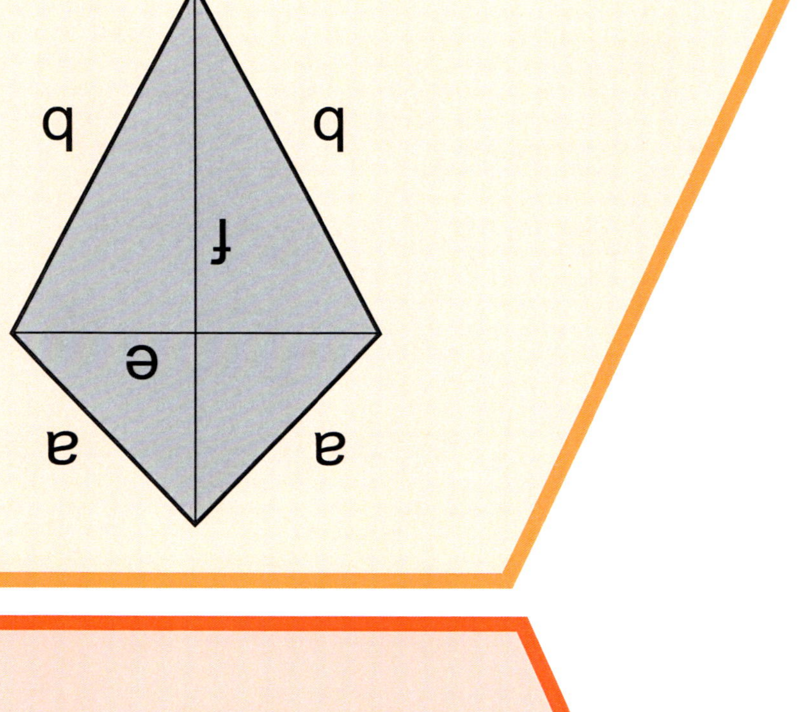

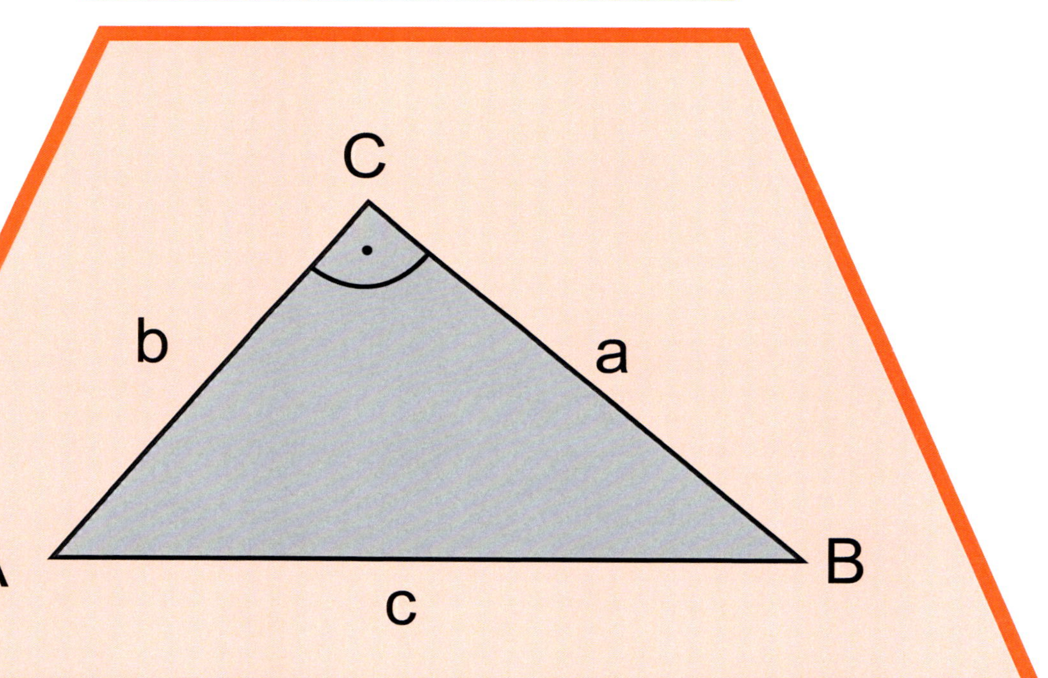

Formel Flächeninhalt Dreieck:

$A = \frac{1}{2}\, a \cdot b$

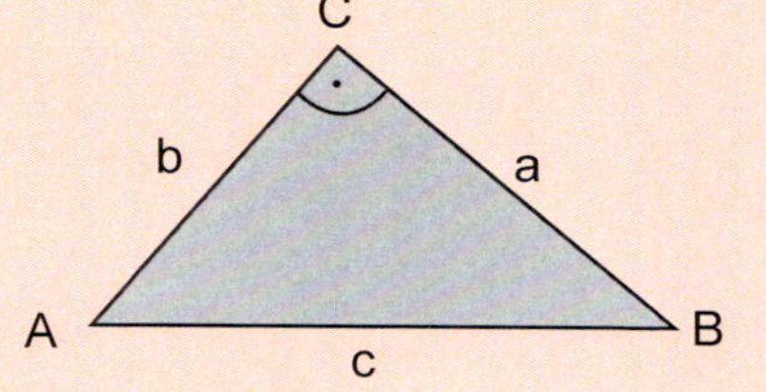

Formel Umfang Dreieck:

$u = a + b + c$

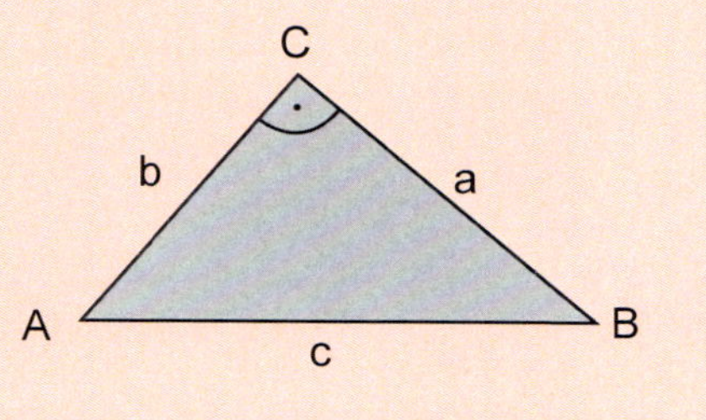

Eigenschaften des Drachens:

Nur zwei gegenüberliegende Winkel sind gleich groß.

Die Diagonalen stehen senkrecht aufeinander.

Diagonale f halbiert Diagonale e.

Eigenschaften des Dreiecks:

Das Dreieck hat drei Ecken.

Bezeichnung der Eckpunkte mit A, B und C.

Die Summe der Innenwinkel beträgt immer 180°.

Die Summe der Außenwinkel beträgt immer 360°.

Die Länge zweier Seiten ist größer als die Länge der dritten Seite.

Beispiel:

Die Seiten eines Dreiecks betragen 3 cm, 3 cm und 4 cm. Berechne den Umfang.

b = 3 cm, a = 3 cm, c = 4 cm

u = a + b + c

u = 3 + 3 + 4

u = 10

Lösung: Der Umfang beträgt 10 cm.

Beispiel:

Die Seiten eines Dreiecks betragen 3 cm, 3 cm und 4 cm. Berechne den Flächeninhalt.

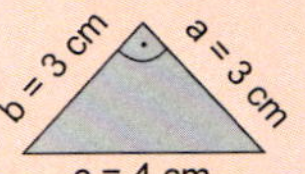

$\mathbf{A = \frac{1}{2} a \cdot b}$

$A = 1{,}5 \cdot 3$

$A = 4{,}5$

Lösung: Der Flächeninhalt beträgt 4,5 cm^2.

Formel Flächeninhalt Drachen:

$$A = \frac{1}{2} \cdot e \cdot f$$

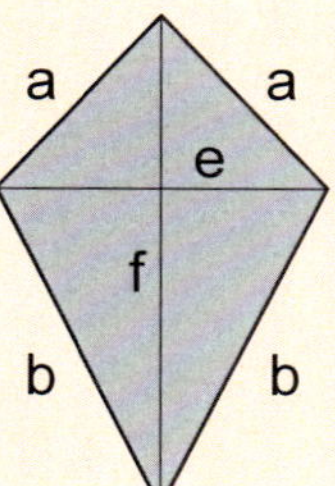

Formel Umfang Drachen:

$$u = 2 \cdot (a + b)$$

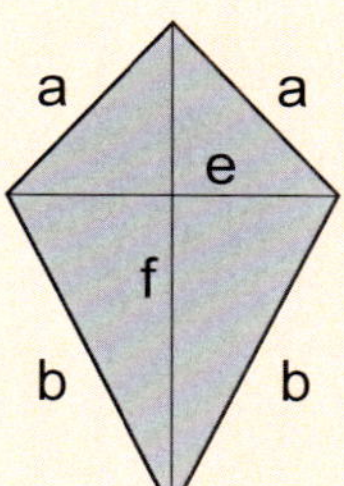

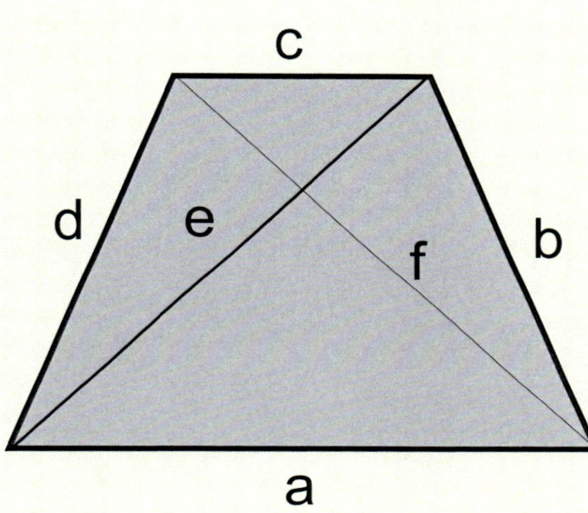

Formel Flächeninhalt Trapez:

$$A = \frac{a + c}{2} \cdot h$$

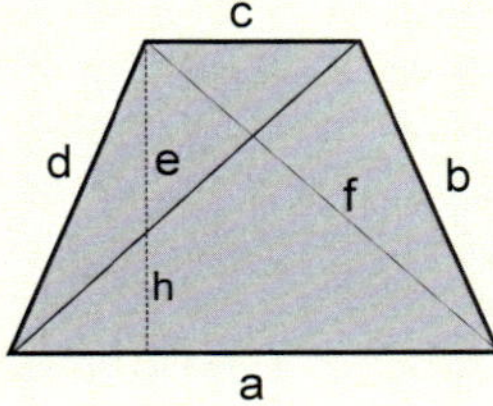

Formel Umfang Trapez:

$$u = a + b + c + d$$

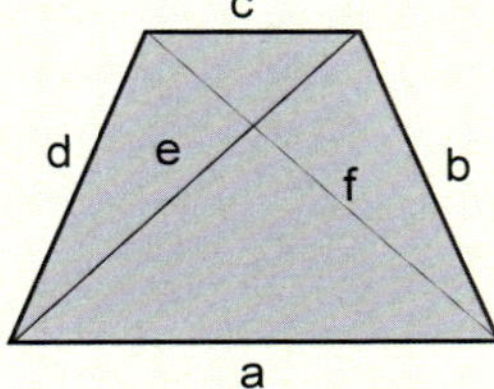

Beispiel:

Ein Drachen hat die Seitenlängen 4 cm und 3 cm. Berechne den Umfang.

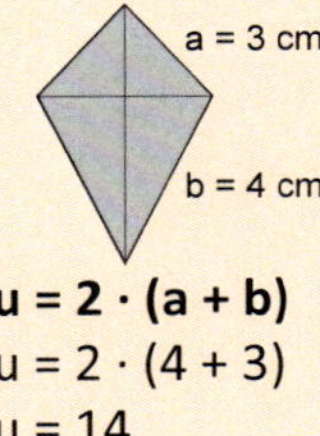

$\mathbf{u = 2 \cdot (a + b)}$
$u = 2 \cdot (4 + 3)$
$u = 14$

Lösung: Der Umfang beträgt 14 cm.

Beispiel:

Ein Drachen hat die Diagonalen e = 4 cm und f = 10 cm. Berechne den Flächeninhalt.

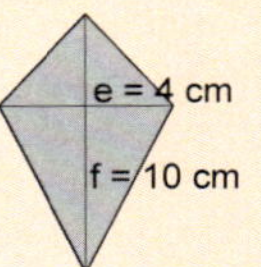

$\mathbf{A = \frac{1}{2} \cdot e \cdot f}$
$A = \frac{1}{2} \cdot 4 \cdot 10$
$A = 20$

Lösung: Der Flächeninhalt beträgt 20 cm².

Eigenschaften des Trapezes:

Das Trapez hat vier Ecken.

Nur zwei Seiten liegen parallel zueinander.

Bei symmetrischen Trapezen sind die Diagonalen gleich lang.

Bei symmetrischen Trapezen sind beide Schenkel gleich lang.

Beispiel:

Ein Trapez hat die Seitenlängen 100 mm (a), 64 mm (b), 40 mm (c) und 53,85 mm (d). Berechne den Umfang.

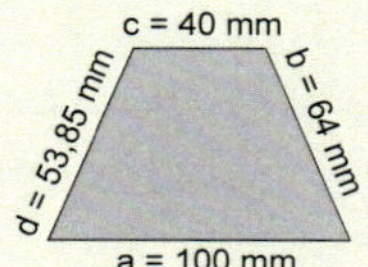

$\mathbf{u = a + b + c + d}$
$u = 100 + 64 + 40 + 53{,}85$
$u = 257{,}88$

Lösung: Der Umfang beträgt 257,88 cm.

Beispiel:

Ein Trapez hat die Seitenlängen 6 cm (a), 3 cm (b), 4 cm (c) und 3 cm (d). Die Höhe beträgt 5 cm. Berechne den Flächeninhalt.

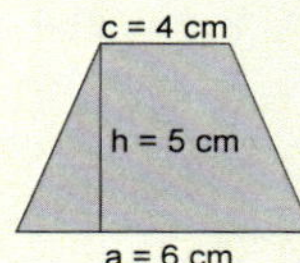

$\mathbf{A = \frac{a + c}{2} \cdot h}$
$A = \frac{6 + 4}{2} \cdot 5$
$A = 25$

Lösung: Der Flächeninhalt beträgt 25 cm².

EINFACHE GEOMETRISCHE ÜBUNGEN
Flächen und Körper – Bestell-Nr. 15 013
KOHL VERLAG

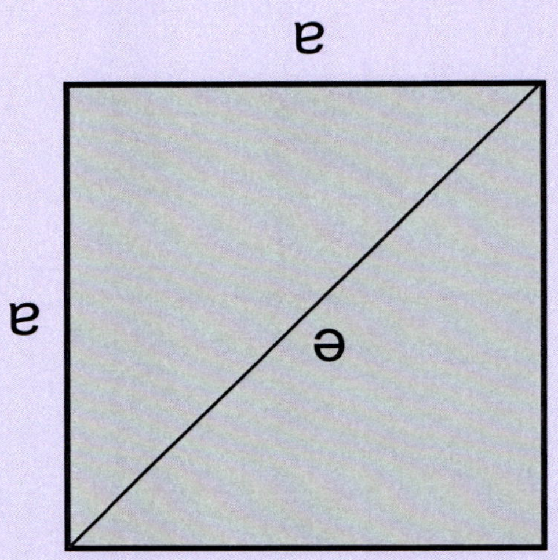

das Rechteck

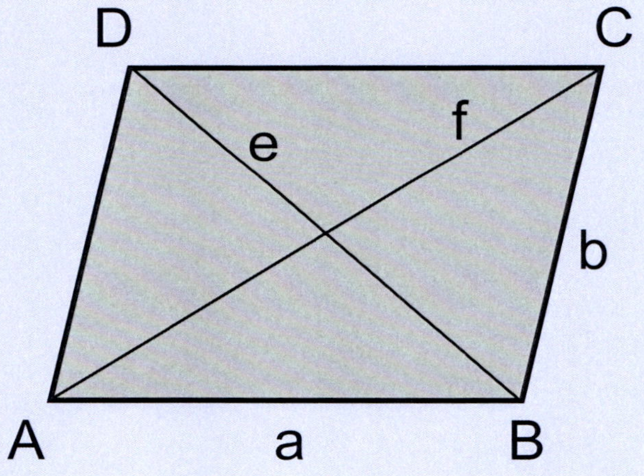

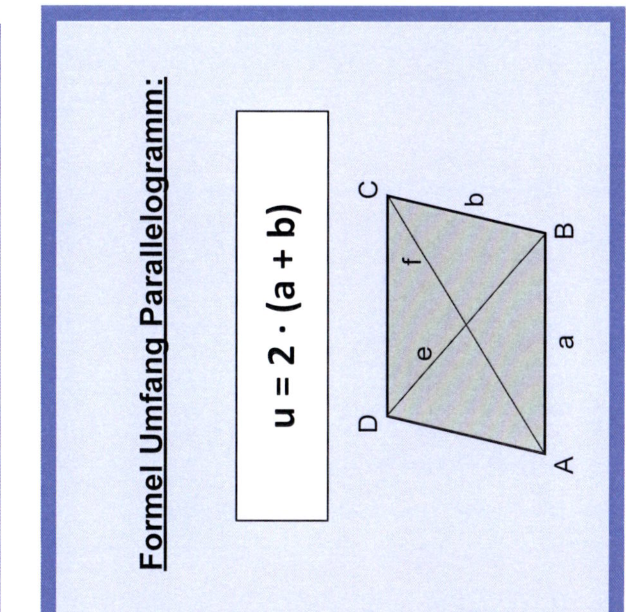

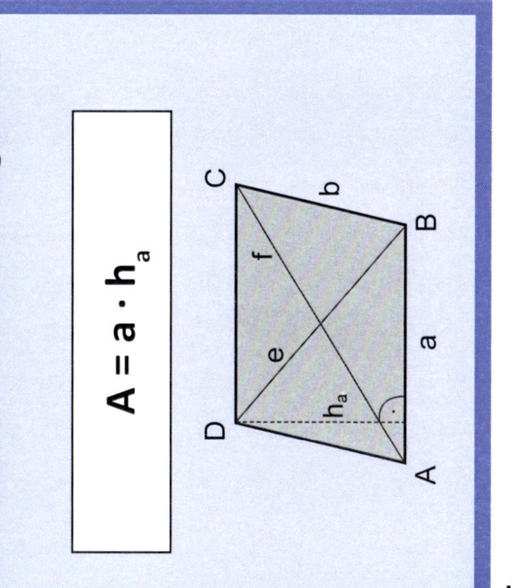

das Quadrat

Eigenschaften des Parallelogramms:

Das Parallelogramm hat vier Ecken.

Sich gegenüberliegende Winkel sind gleich groß.

Die Innenwinkel werden von den Diagonalen halbiert.

Beispiel:

Ein Parallelogramm hat die Seitenlängen 4 cm und 6 cm. Berechne den Umfang.

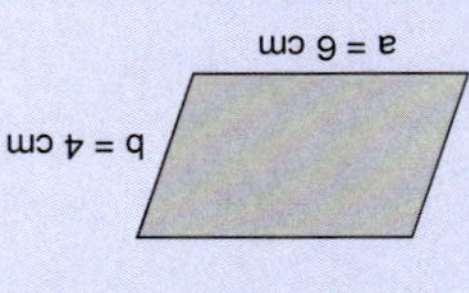

u = 2 · (a + b)
u = 2 · (6 + 4)
u = 20

Lösung: Der Umfang beträgt 20 cm.

Beispiel:

Ein Parallelogramm hat die Seitenlängen 4 cm und 6 cm. Die Höhe beträgt 5 cm. Berechne den Flächeninhalt.

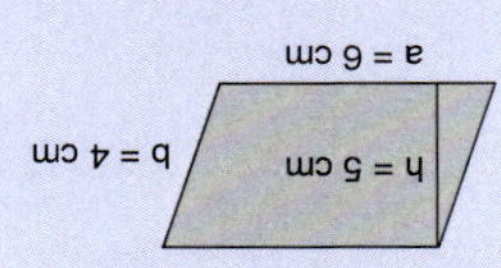
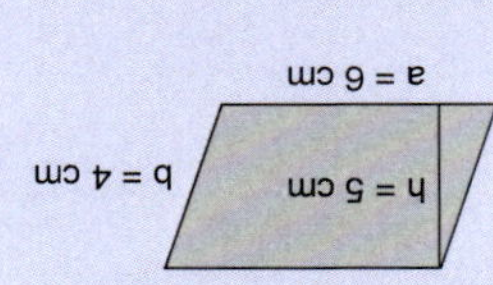
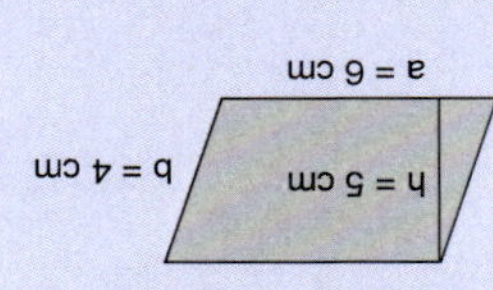
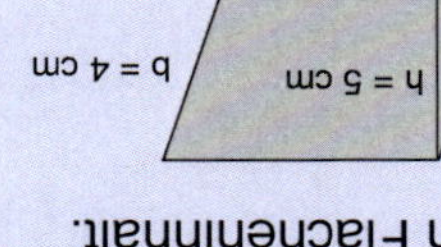

A = a · h
A = 6 · 5
A = 30

Lösung: Der Flächeninhalt beträgt 30 cm^2.

Eigenschaften des Quadrats:

Alle 4 Seiten sind gleich lang.

Alle Winkel sind gleich groß (90°).

Die Diagonalen sind gleich lang.

Die Diagonalen halbieren einander.

Die Diagonalen stehen senkrecht aufeinander.

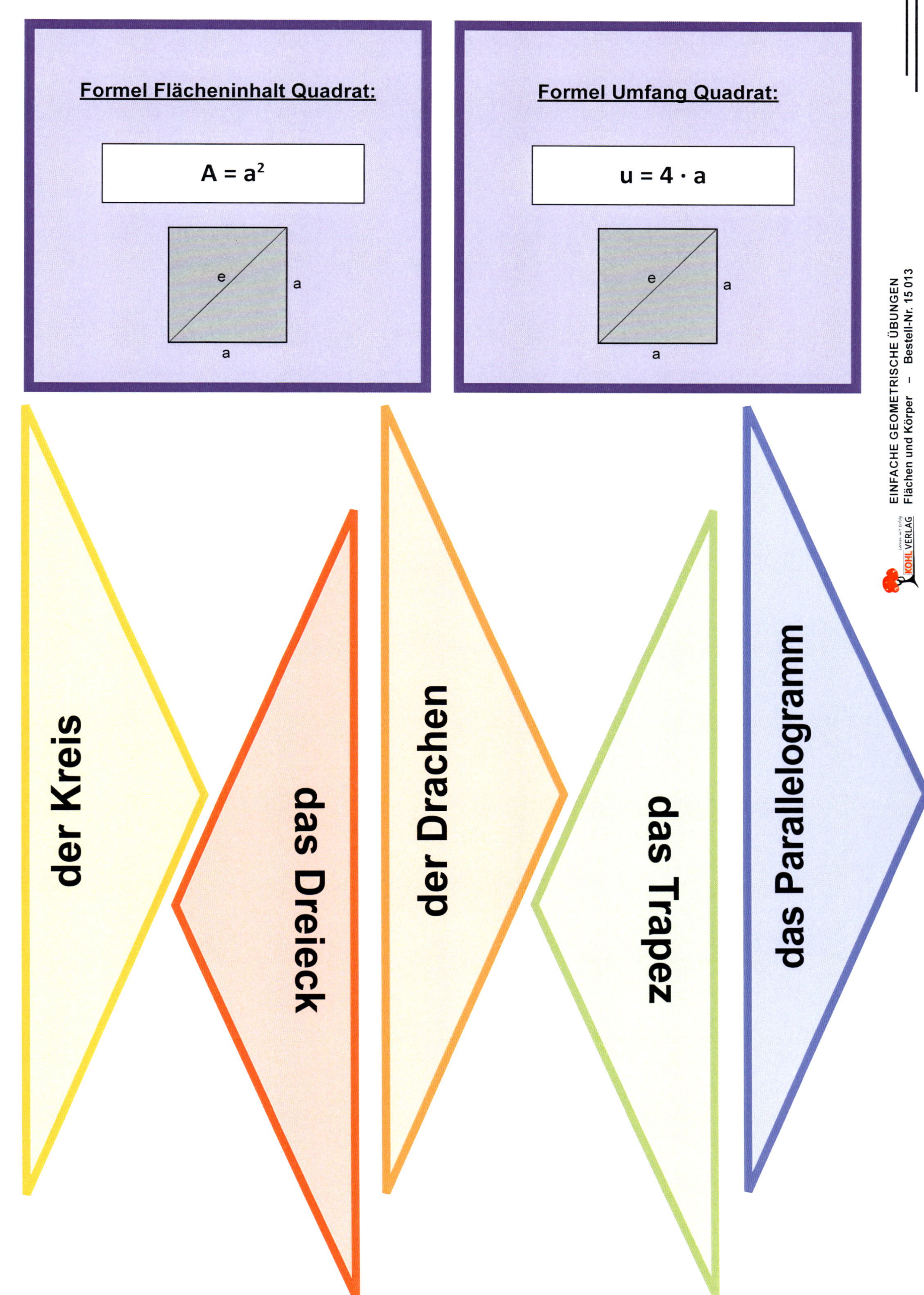
Formel Flächeninhalt Quadrat:
$A = a^2$
e
a
a
Formel Umfang Quadrat:
$u = 4 \cdot a$
e
a
a
der Kreis
das Dreieck
der Drachen
das Trapez
das Parallelogramm
KOHL VERLAG
EINFACHE GEOMETRISCHE ÜBUNGEN
Flächen und Körper – Bestell-Nr. 15 013

Beispiel:

Ein Quadrat hat eine Seitenlänge von 6 cm.
Berechne den Umfang.

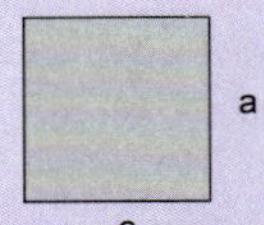

u = 4 · a
u = 4 · 6
u = 24

Lösung: Der Umfang beträgt 24 cm.

Beispiel:

Ein Quadrat hat eine Seitenlänge von 4 cm.
Berechne den Flächeninhalt.

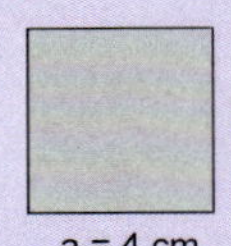

A = a²
A = 4²
A = 16

Lösung: Der Flächeninhalt beträgt 16 cm².

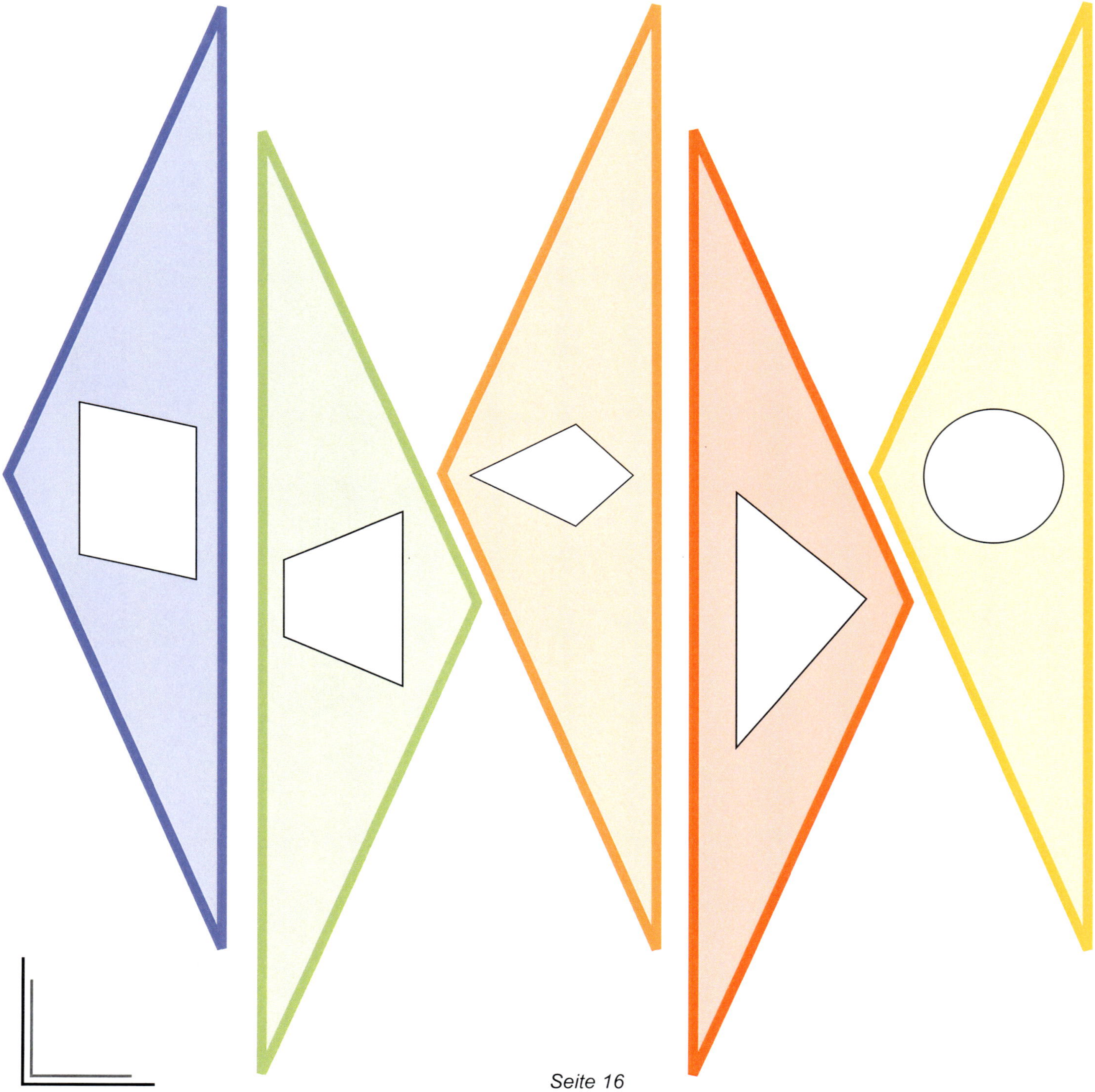

KOHL VERLAG
EINFACHE GEOMETRISCHE ÜBUNGEN
Flächen und Körper – Bestell-Nr. 15 013

Muster und Ordnungen

Nimm dir einen Zirkel und ein Lineal. Übertrage das vorgegebene Muster in die drei freien Felder. Du kannst dein Bild auch farbig anmalen.

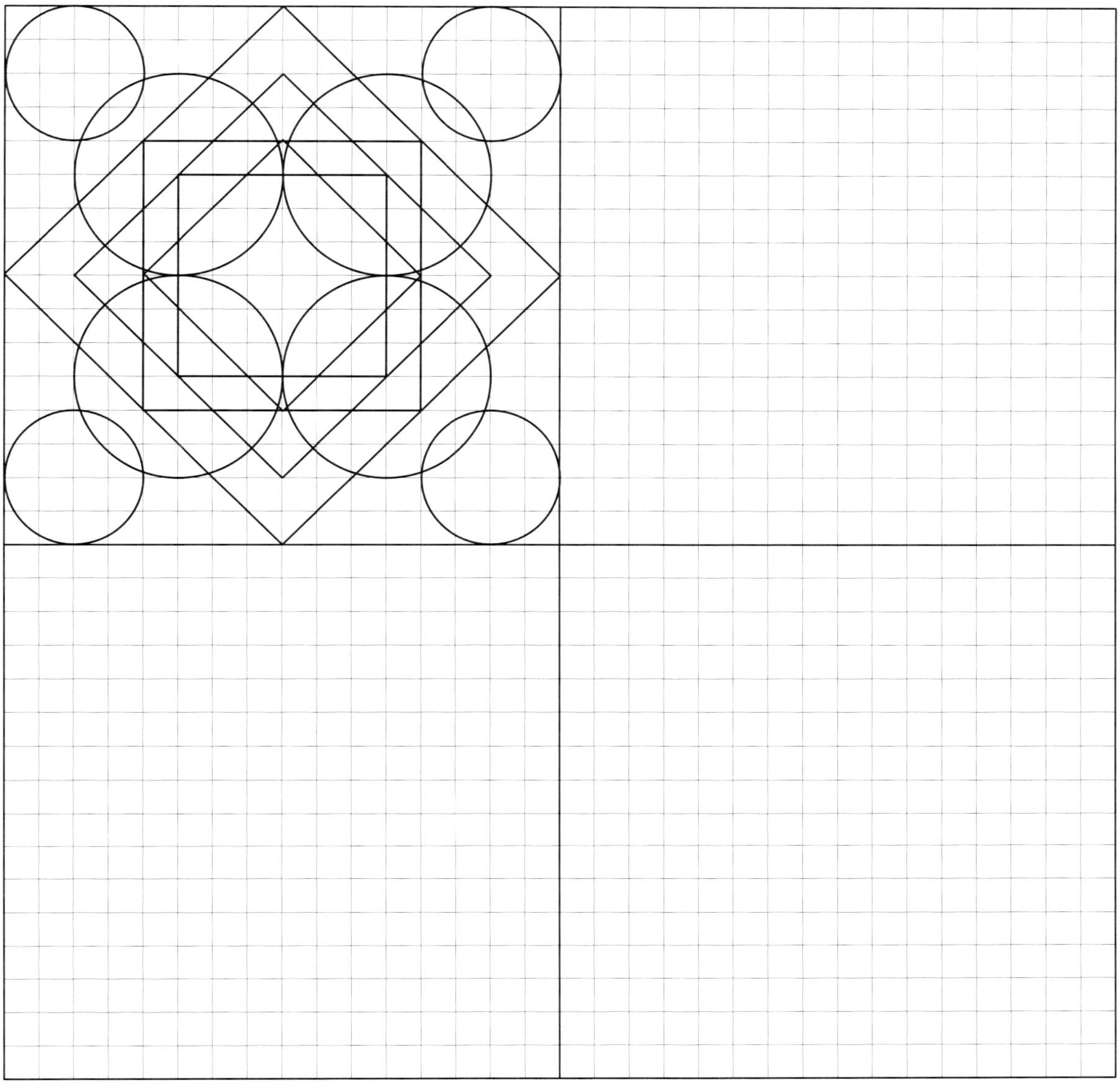

Zeichne die jeweiligen Muster weiter. Du kannst dein Bild farbig ausmalen.

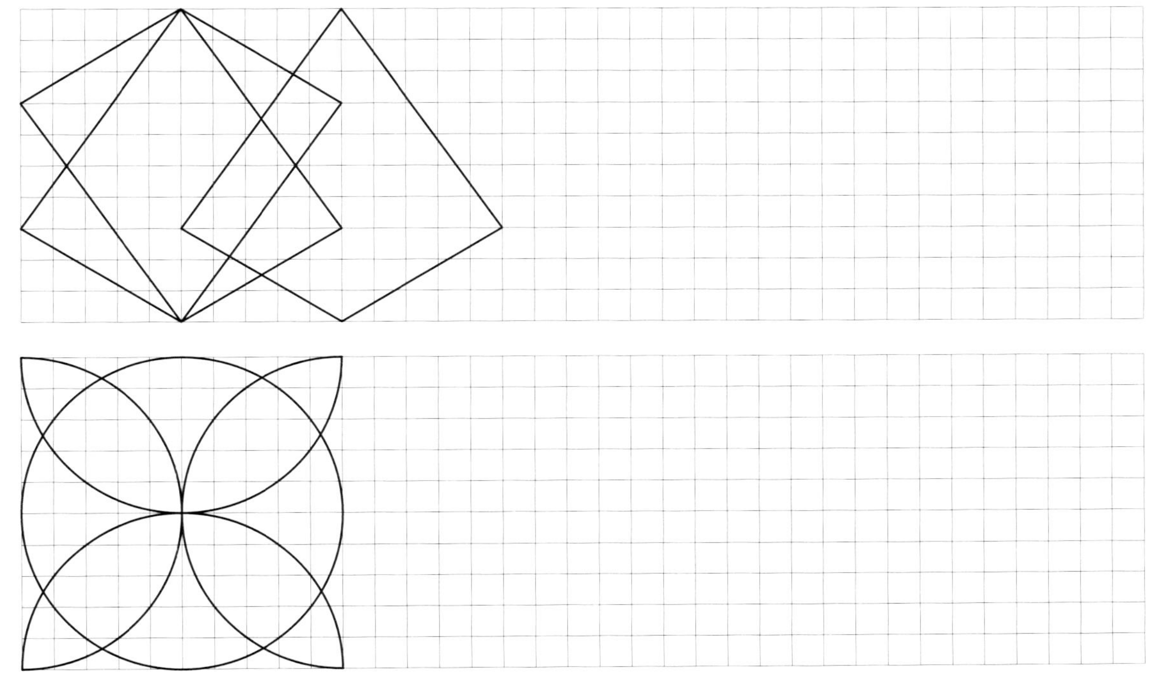

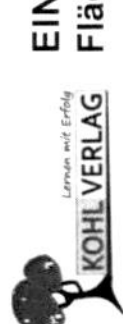

EINFACHE GEOMETRISCHE ÜBUNGEN
Flächen und Körper – Bestell-Nr. 15 013
KOHL VERLAG

Regelmäßige Vielecke

Vielecke heißen regelmäßig, wenn alle Seiten die gleiche Länge haben.
Die Anzahl der Seiten gibt der Fläche den Namen.

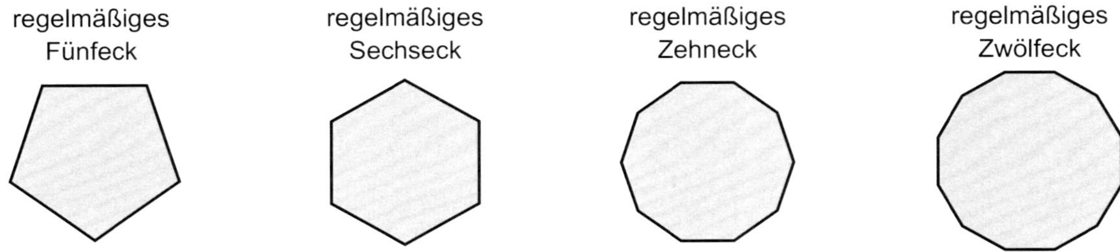

Die Umfänge der Kreise sind in 60 (72) gleiche Abschnitte geteilt. Durch Abzählen von Teilstrichen schaffst du es sicherlich, die entsprechenden regelmäßigen Vielecke zu zeichnen.

A regelmäßiges Fünfeck

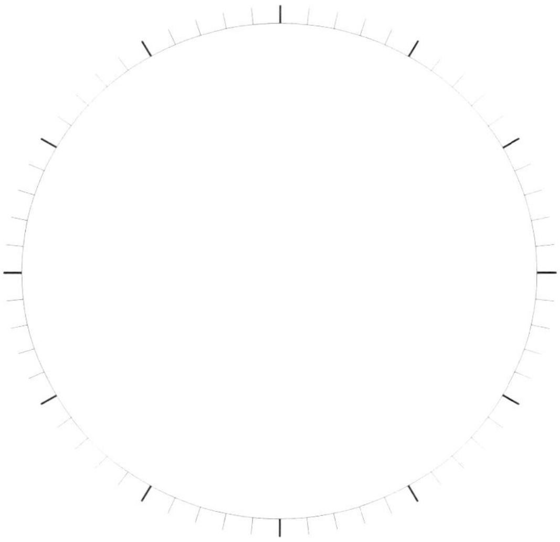

B regelmäßiges Zehneck

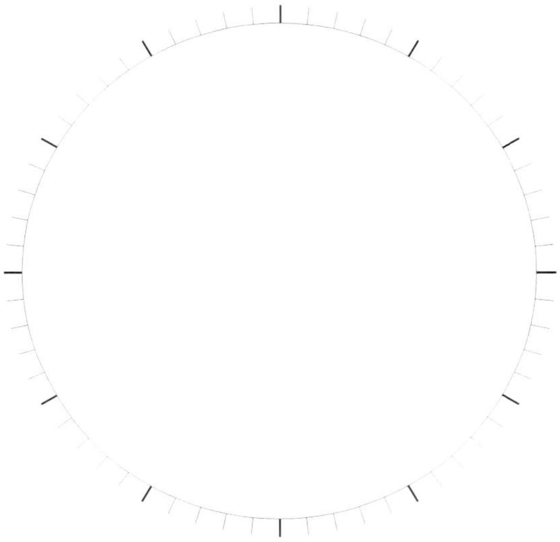

C regelmäßiges Sechseck

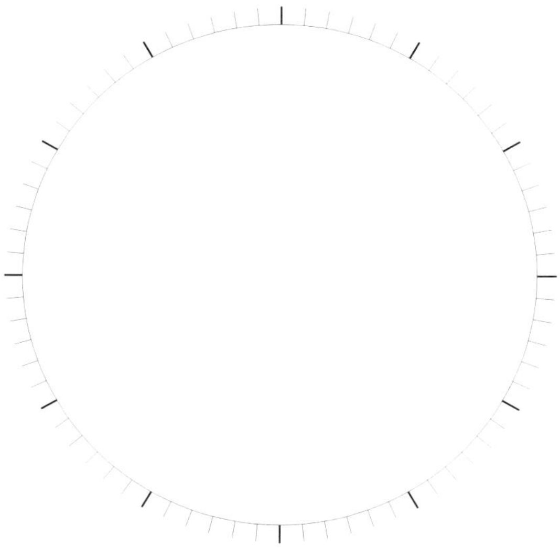

D regelmäßiges Neuneck

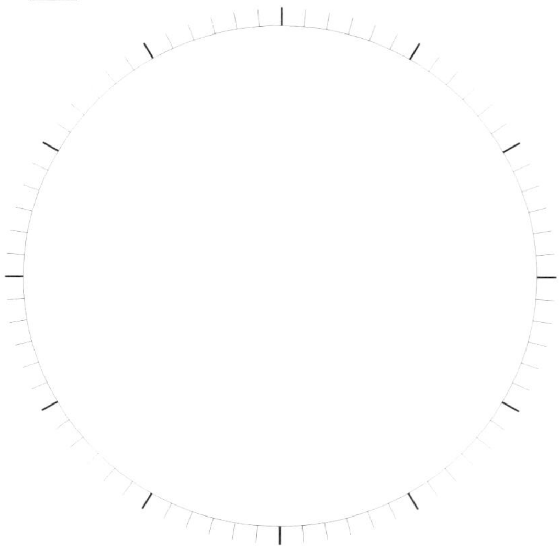

Ebene Figuren

A Welche der Figuren sind Rechtecke, welche sind Quadrate?
Schreibe die Bezeichnung in die Figur.

B Wie groß sind die Umfänge der ebenen Figuren in mm?

a) u = mm

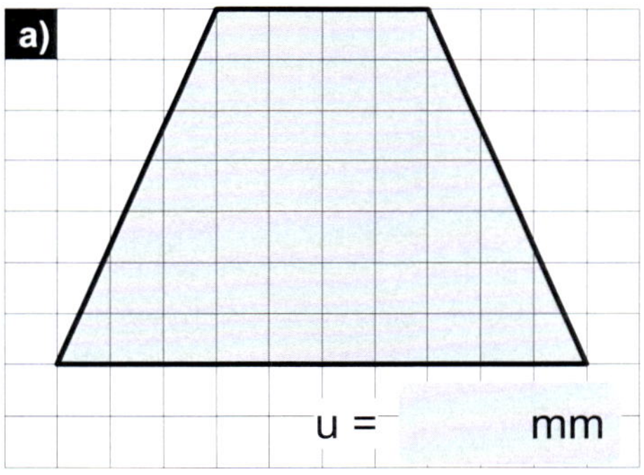

b) u = mm

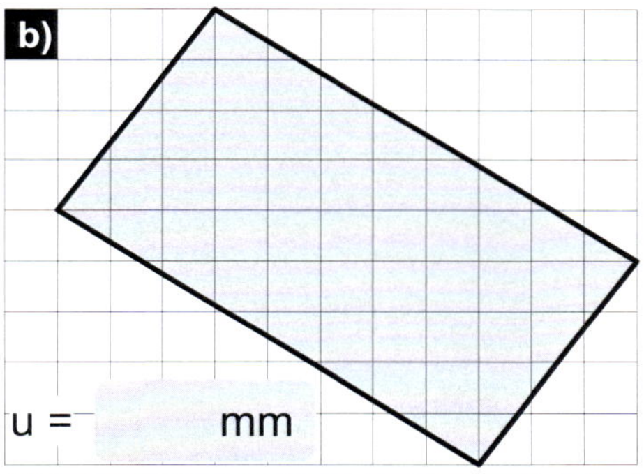

c) u = mm

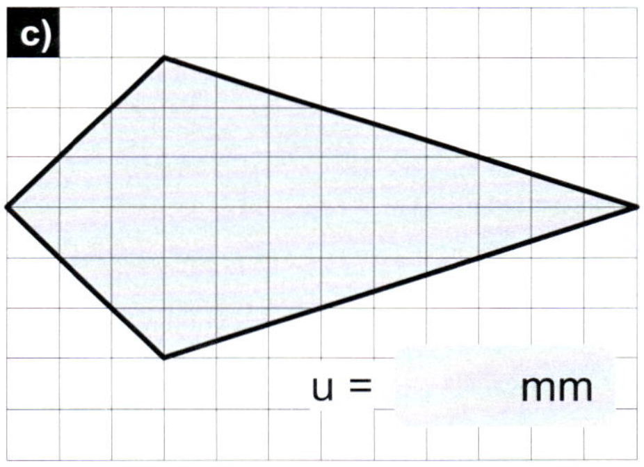

d) u = mm

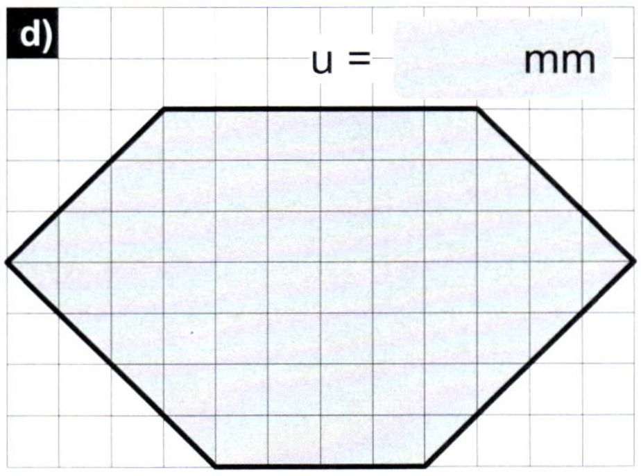

e) u = mm

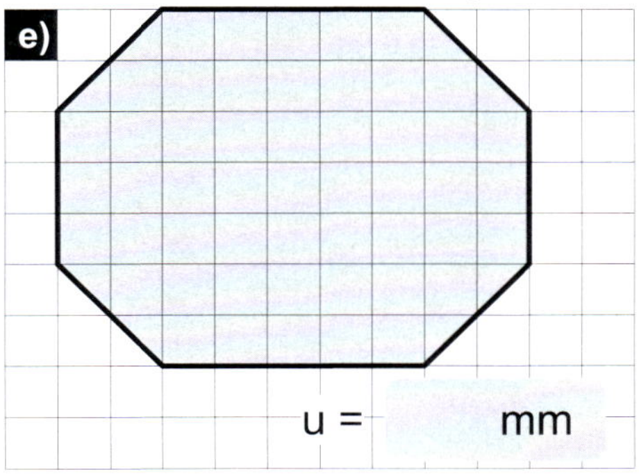

f) u = mm

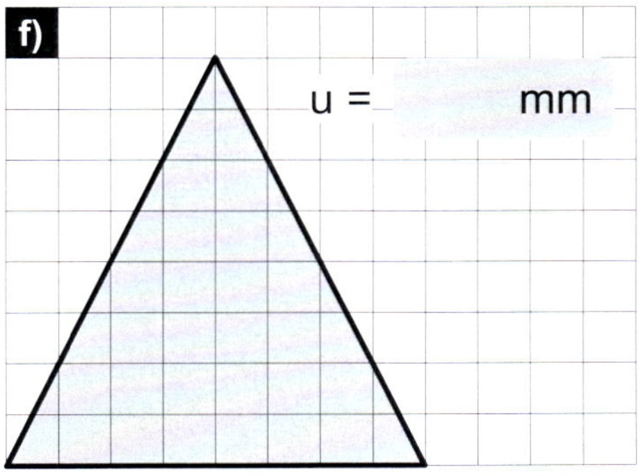

g) u = mm

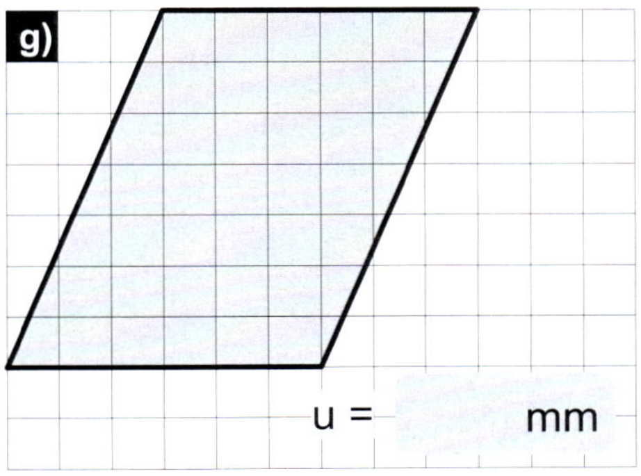

h) u = mm

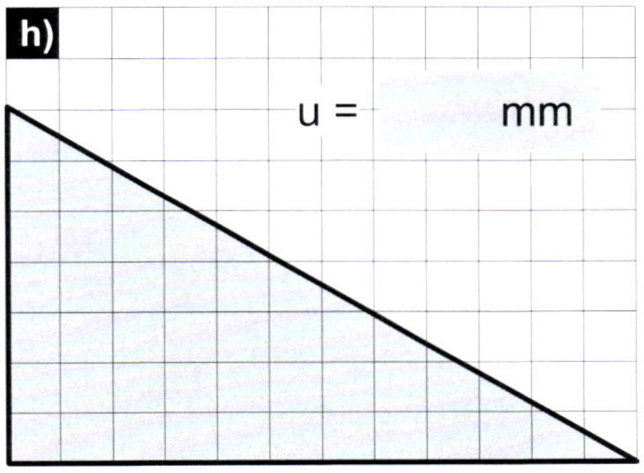

i) u = mm

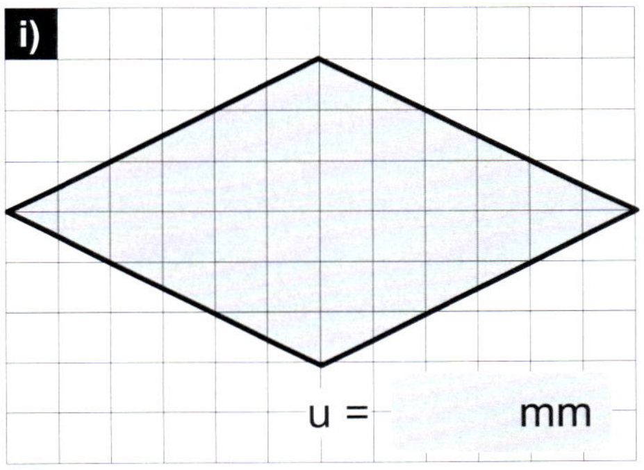

EINFACHE GEOMETRISCHE ÜBUNGEN
Flächen und Körper – Bestell-Nr. 15 013
KOHL VERLAG

Flächeninhalte vergleichen

Welche Figur hat den größten Flächeninhalt? Kreuze an.

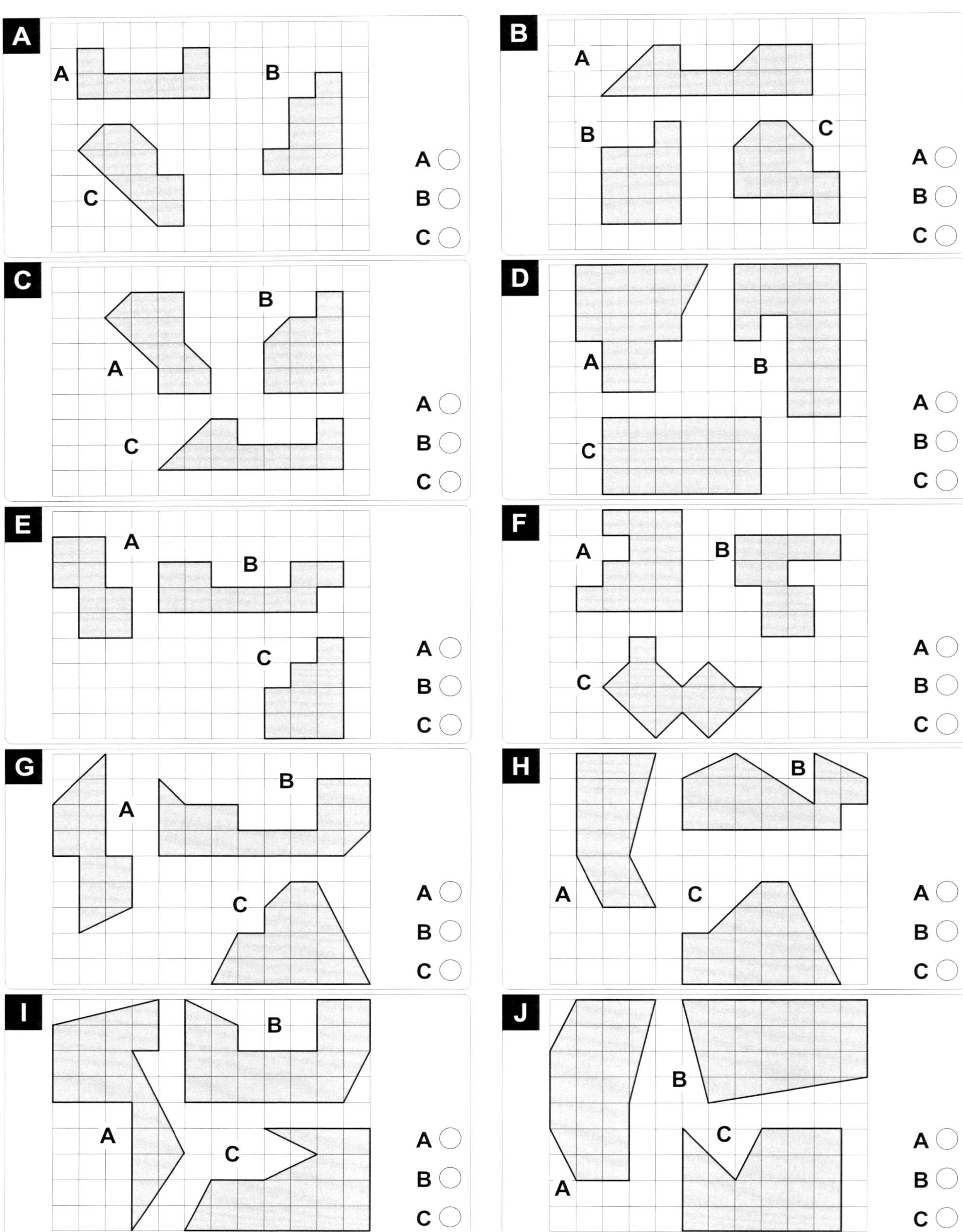

EINFACHE GEOMETRISCHE ÜBUNGEN
Flächen und Körper – Bestell-Nr. 15 013
KOHL VERLAG

Flächeninhalte bestimmen

Den Flächeninhalt einer ebenen Figur bestimmst du, indem du die Anzahl der quadratischen Kästchen zählst, die von der grauen Fläche bedeckt werden. Ein Kästchen hat einen Flächeninhalt von 1 cm^2 [*sprich*: ein Quadratzentimeter].

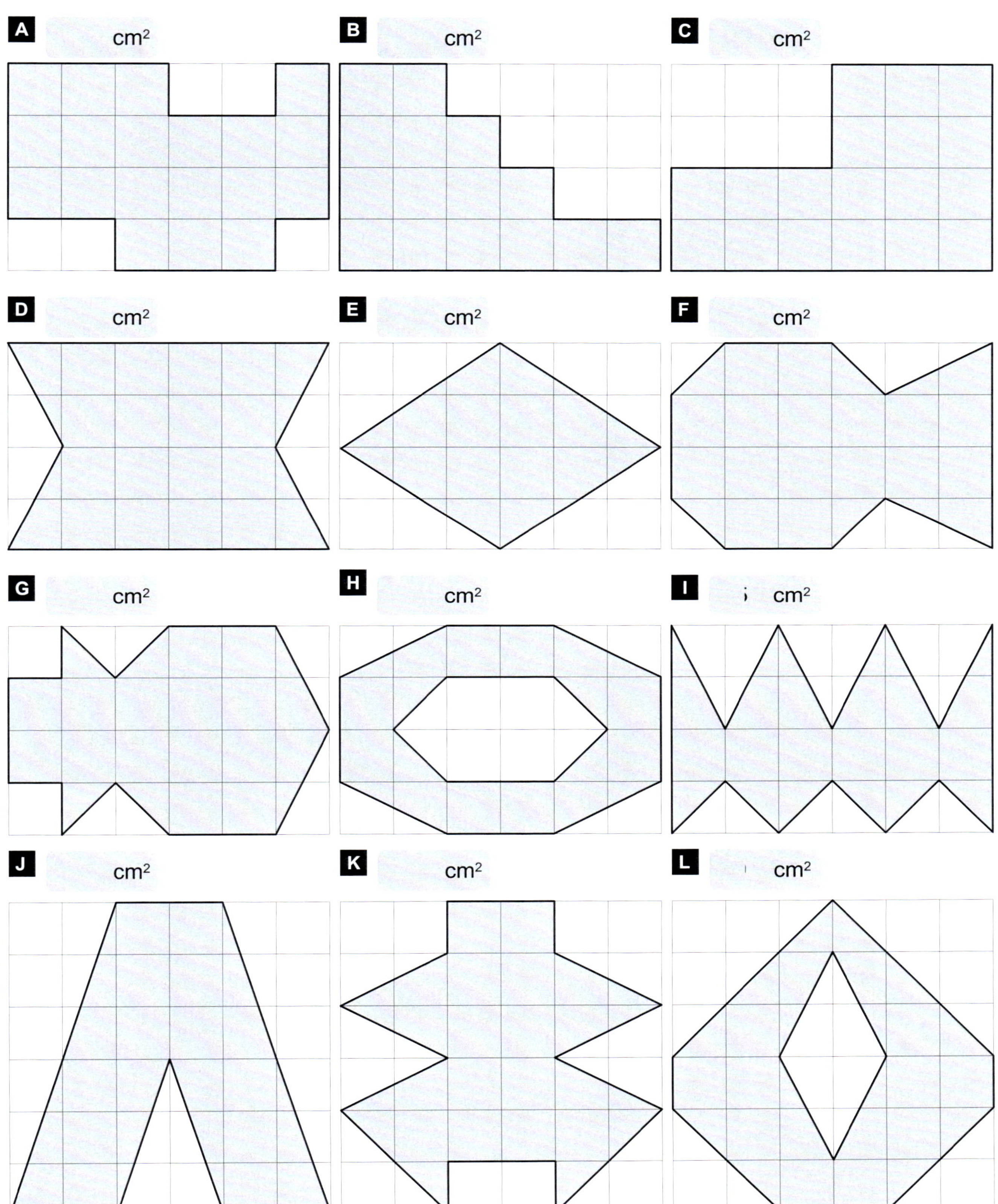

EINFACHE GEOMETRISCHE ÜBUNGEN
Flächen und Körper – Bestell-Nr. 15 013
KOHL VERLAG

Regelmäßige Vielecke

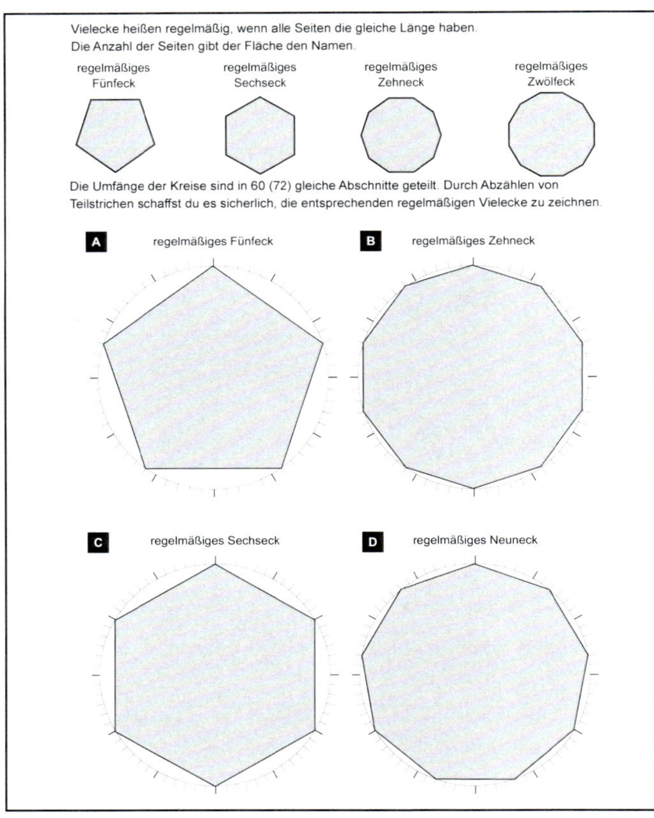

Ebene Figuren

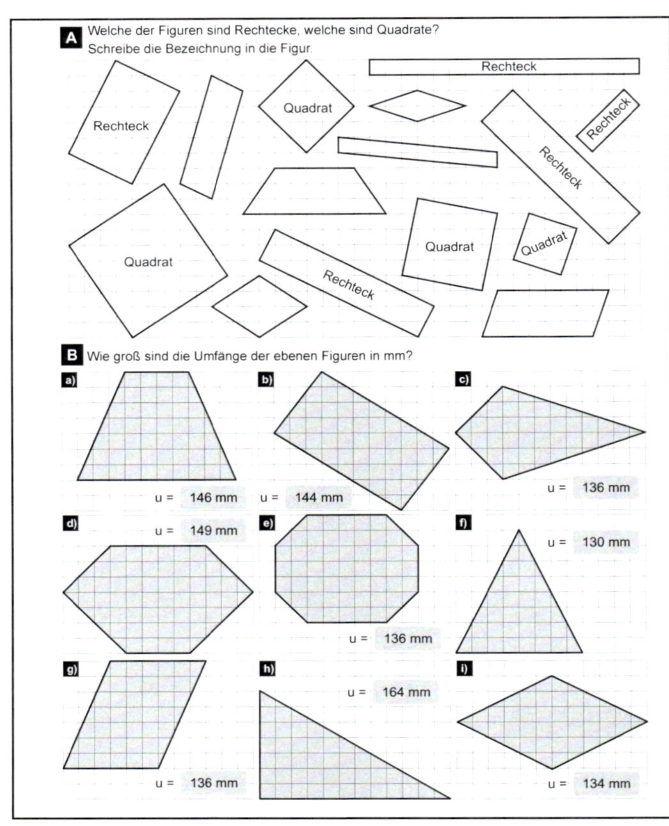

KOHL VERLAG
EINFACHE GEOMETRISCHE ÜBUNGEN
Flächen und Körper – Bestell-Nr. 15 013

Flächeninhalte vergleichen

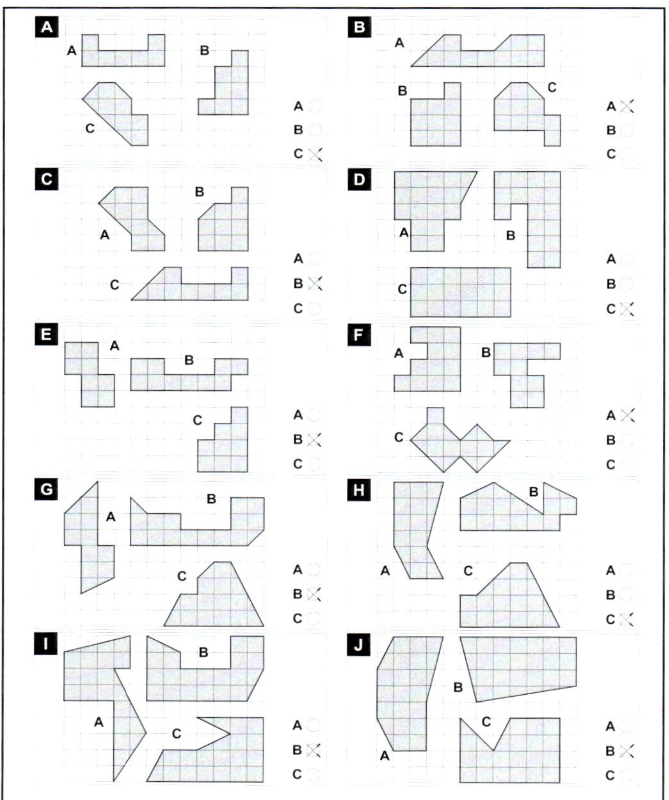

KOHL VERLAG
EINFACHE GEOMETRISCHE ÜBUNGEN
Flächen und Körper – Bestell-Nr. 15 013

Flächeninhalte bestimmen

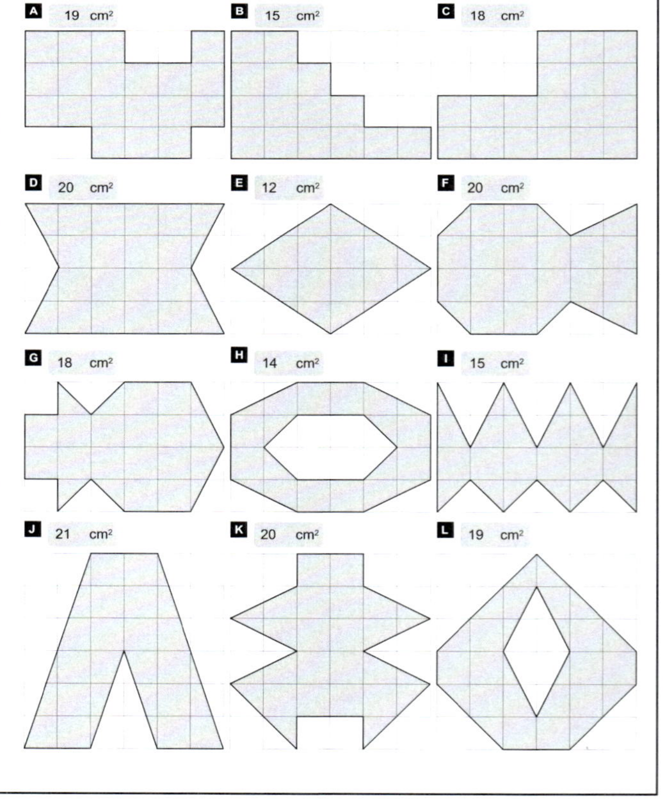

KOHL VERLAG
EINFACHE GEOMETRISCHE ÜBUNGEN
Flächen und Körper – Bestell-Nr. 15 013

DIE KÖRPER

die Pyramide

das Prisma

die Kugel

der Quader

der Würfel

der Zylinder

der Kegel

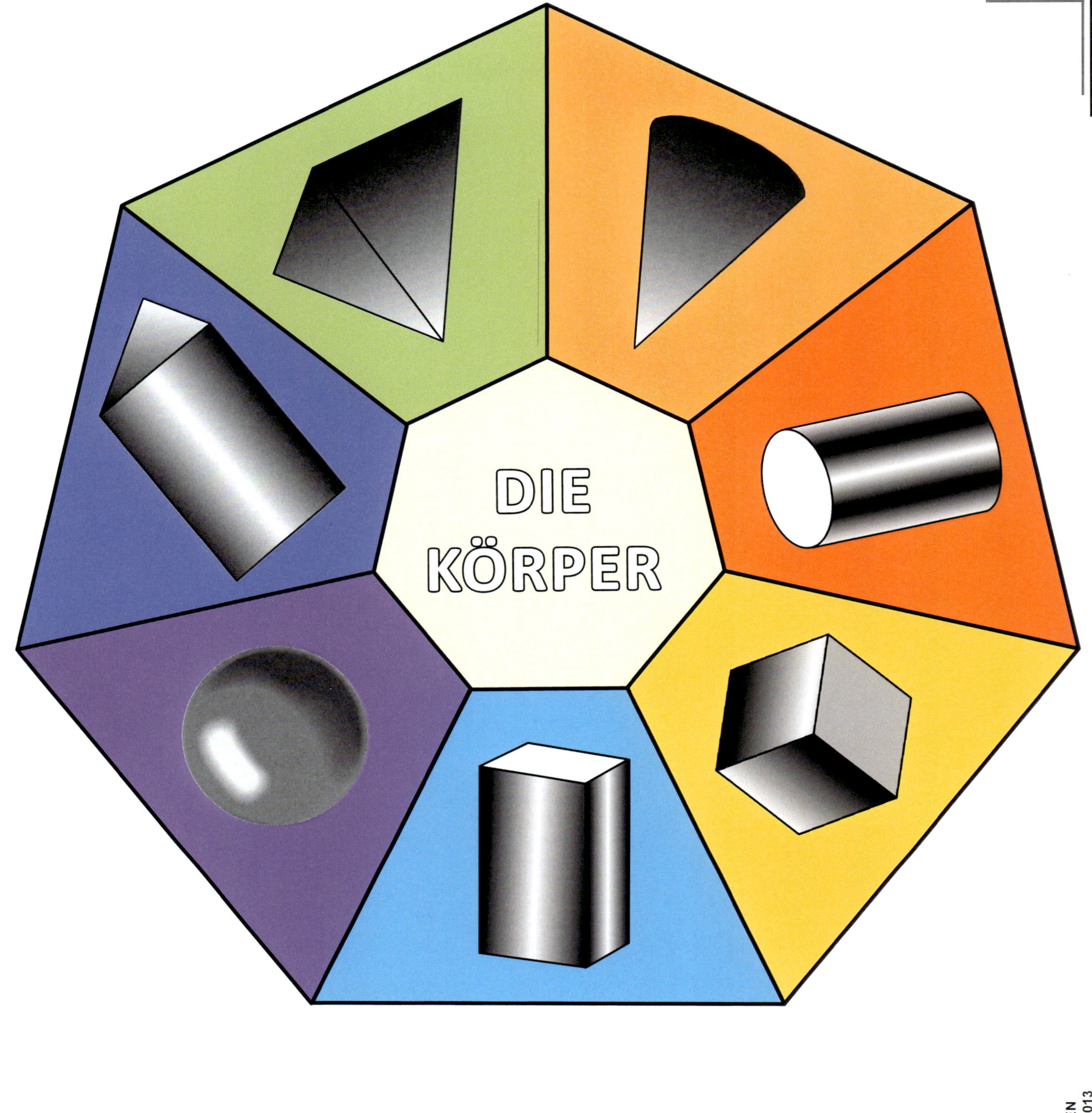

EINFACHE GEOMETRISCHE ÜBUNGEN
Flächen und Körper – Bestell-Nr. 15 013
KOHL VERLAG

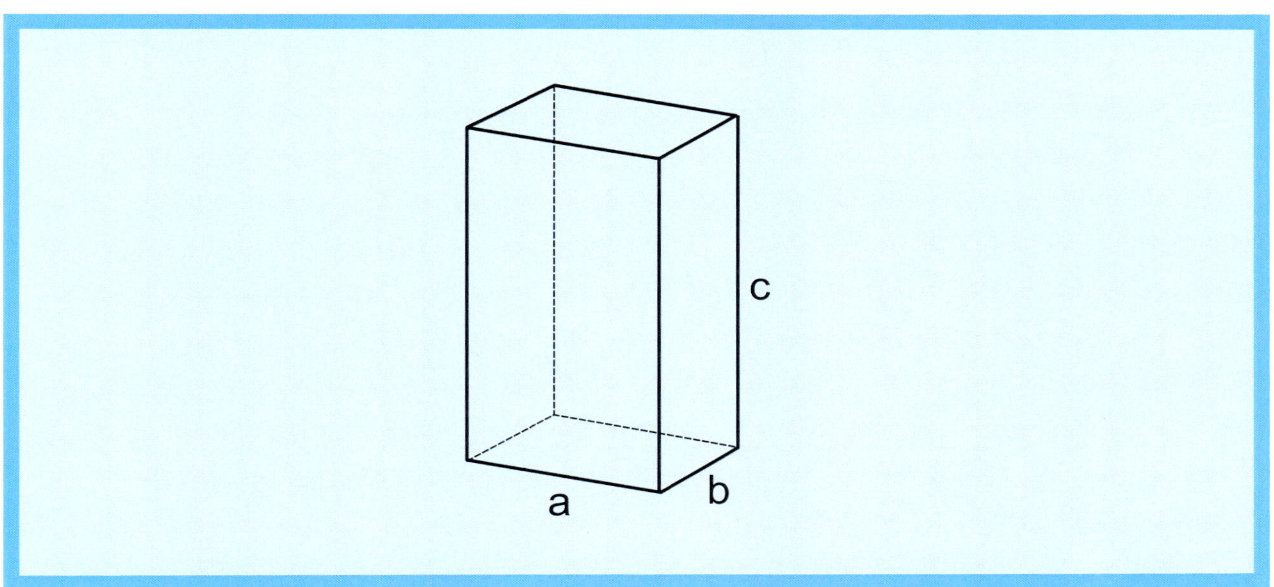

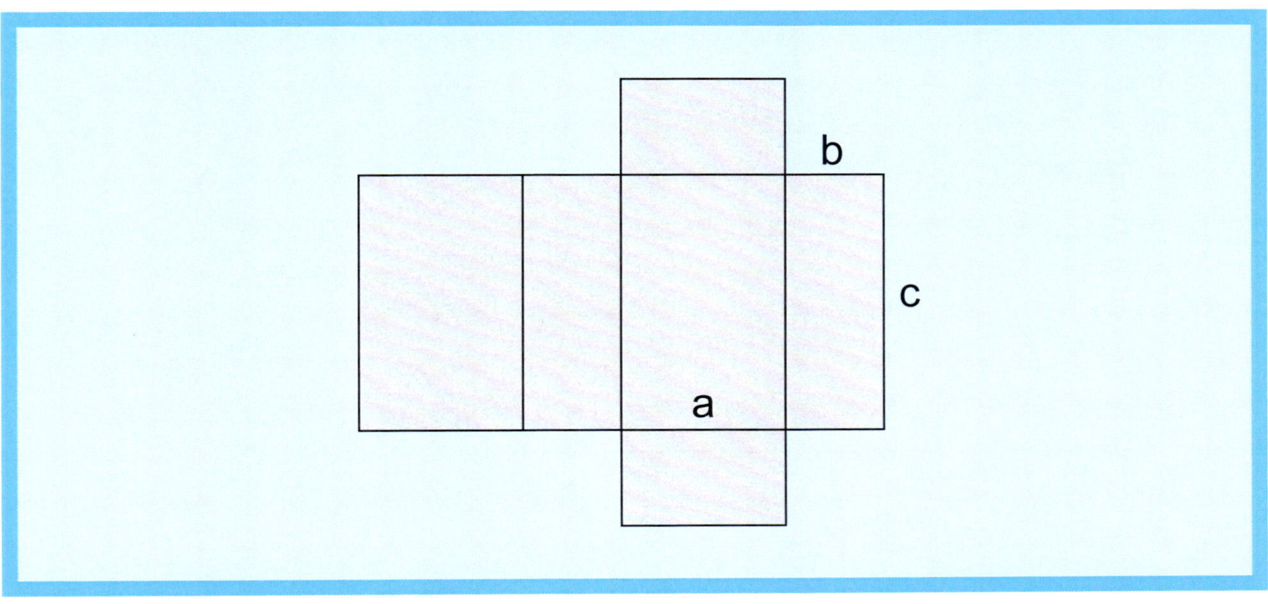

EINFACHE GEOMETRISCHE ÜBUNGEN
Flächen und Körper – Bestell-Nr. 15 013

Eigenschaften des Quaders:

Flächen:

6 Rechtecke

8 Ecken

12 Kanten

Volumenberechnung:

$$V = a \cdot b \cdot c$$

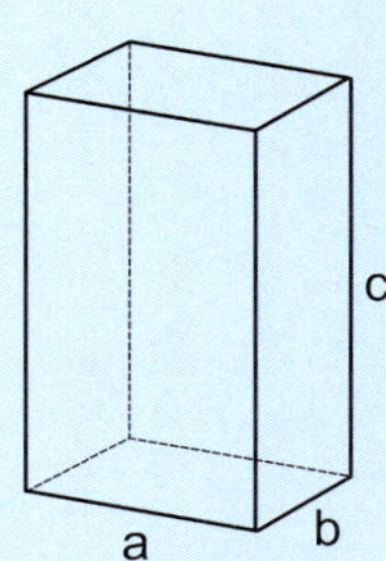

Oberflächenberechnung:

$$O = 2 \cdot (a \cdot b + b \cdot c + a \cdot c)$$

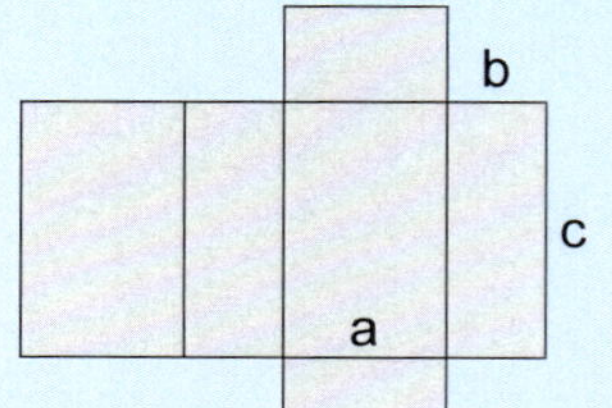

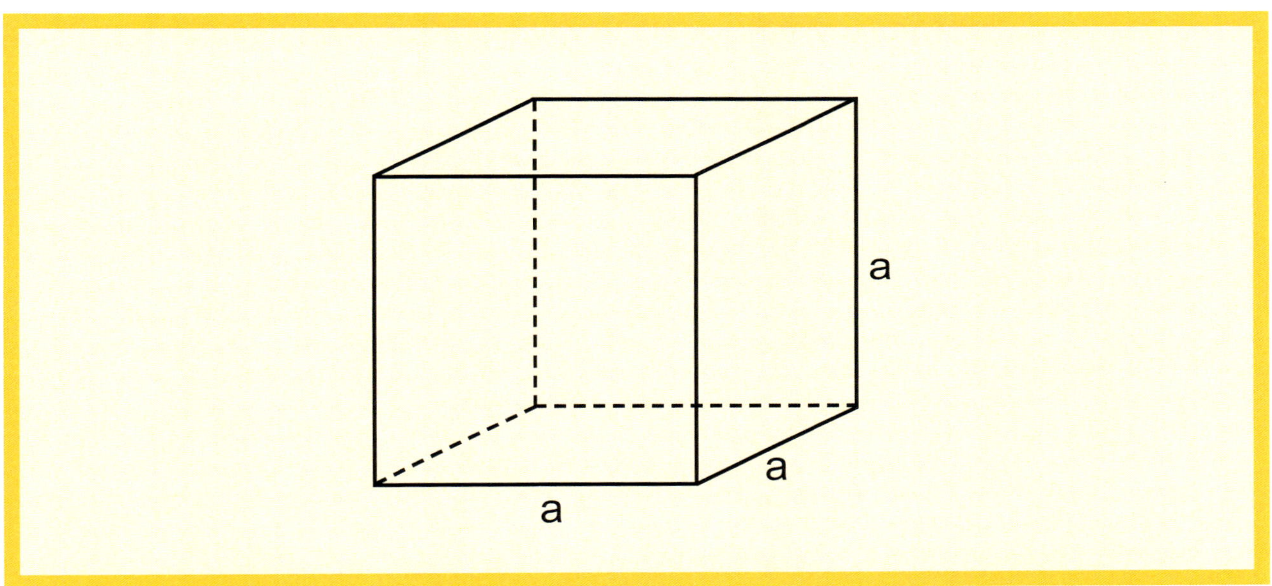
a
a
a

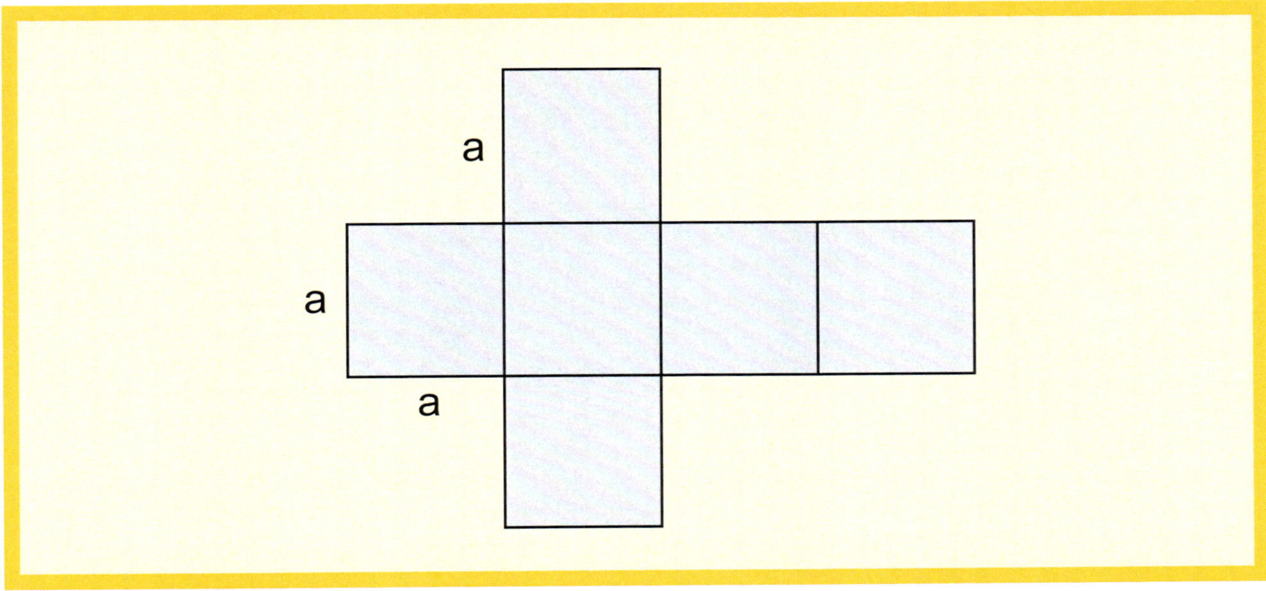
a
a
a

Eigenschaften des Würfels:

6 Flächen:
6 Quadrate

8 Ecken

12 Kanten

Volumenberechnung:

$$V = a^3$$

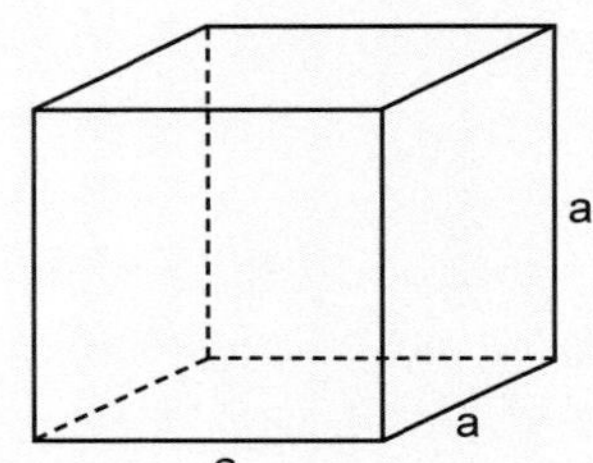

Oberflächenberechnung:

$$O = 6 \cdot a^2$$

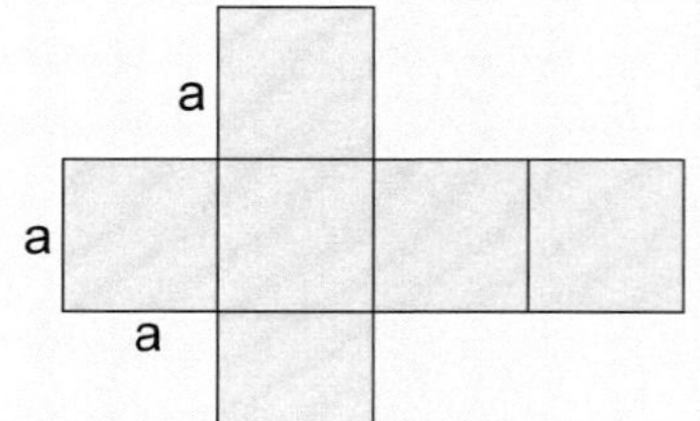

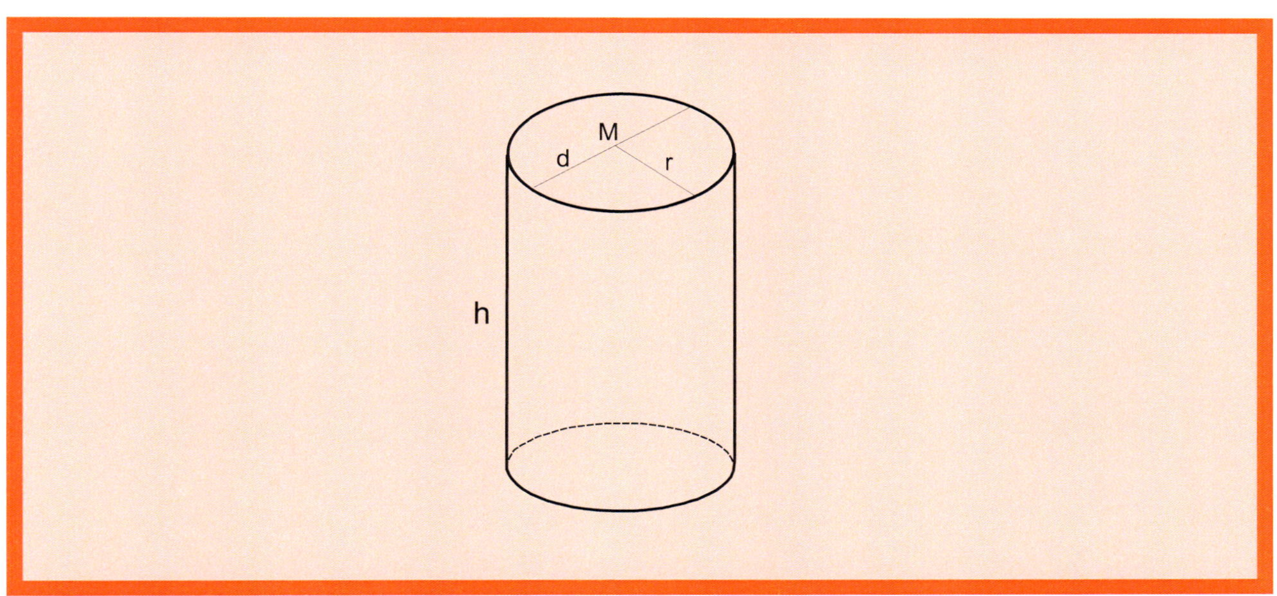
M
d
r
h

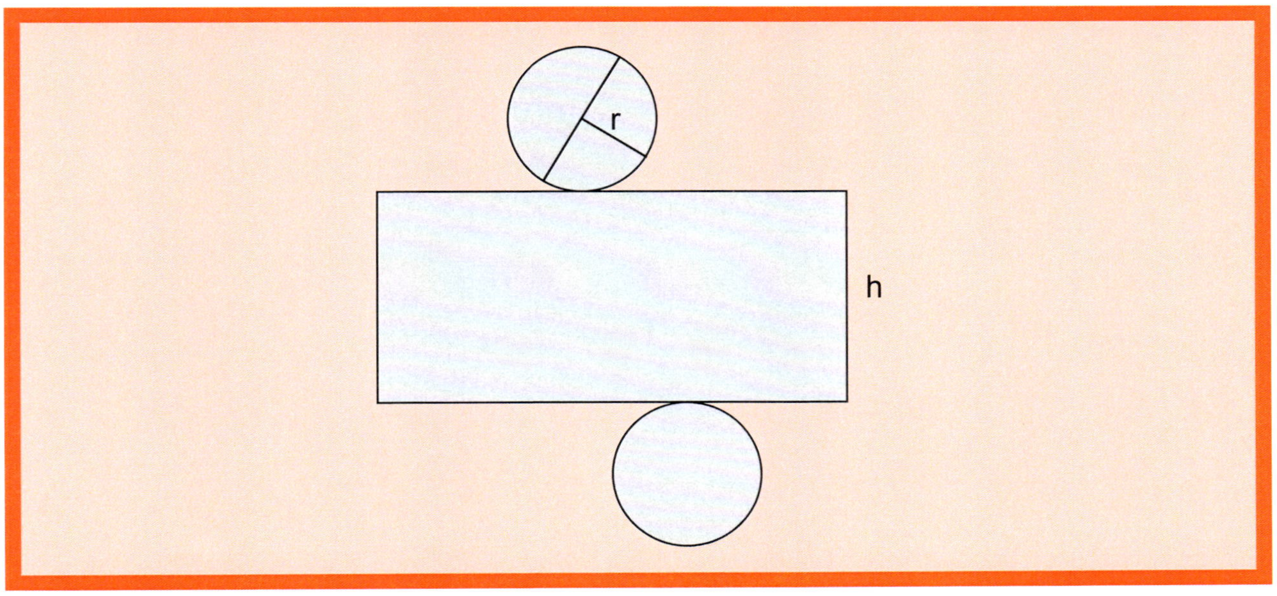
r
h

Eigenschaften des Zylinders:

3 Flächen:
2 Kreise, 1 Rechteck

keine Ecken

zwei Kanten

Volumenberechnung:

$$V = \pi \cdot r^2 \cdot h$$

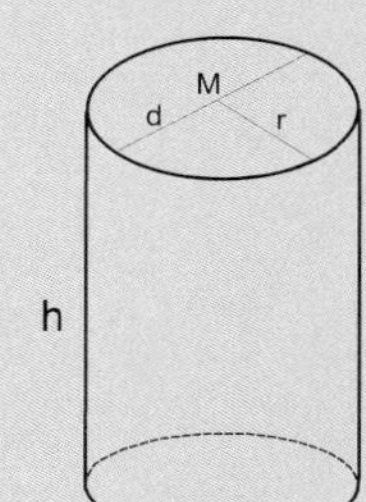

Mantel- & Oberflächenberechnung:

$$O = 2 \cdot \pi \cdot r^2 + 2 \cdot \pi \cdot r \cdot h$$

$$M = 2 \cdot \pi \cdot r \cdot h$$

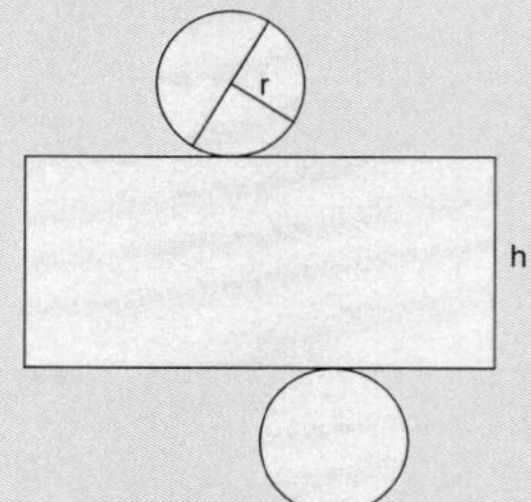

KOHL VERLAG Lernen mit Erfolg
EINFACHE GEOMETRISCHE ÜBUNGEN
Flächen und Körper – Bestell-Nr. 15 013

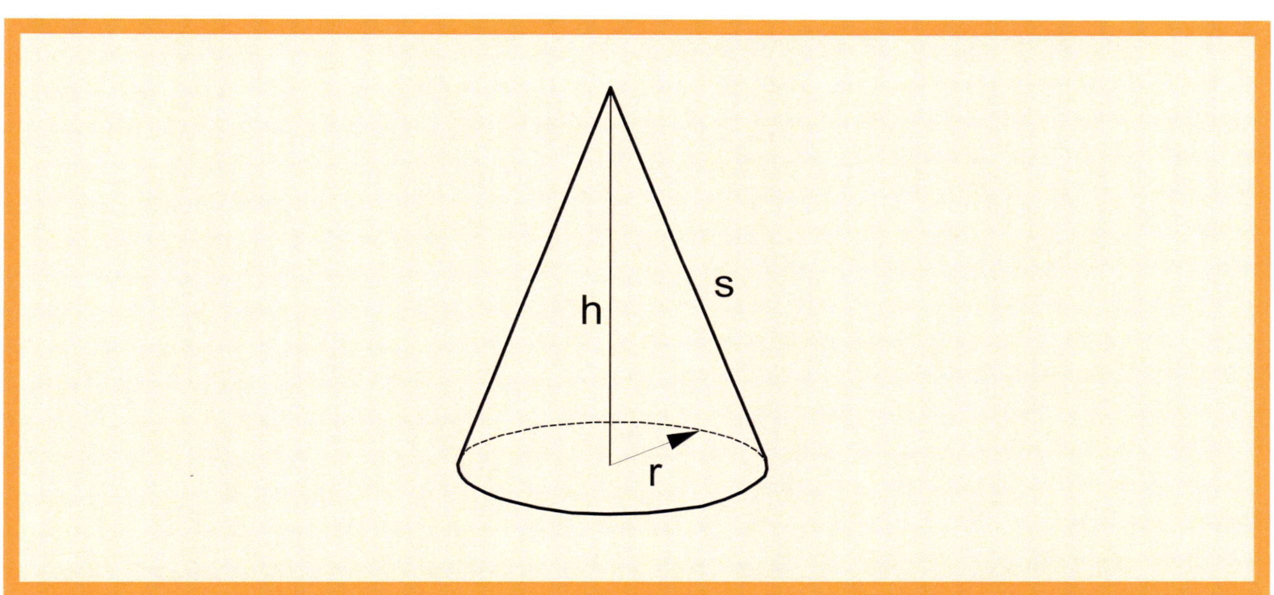
h
s
r

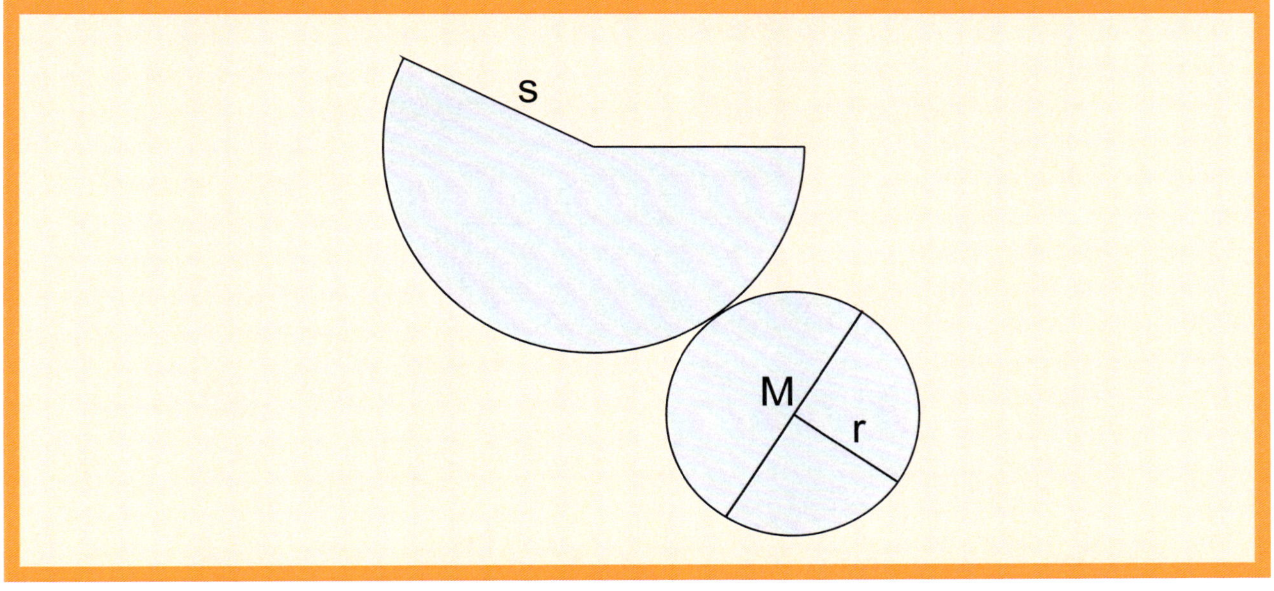
s
M
r

KOHL VERLAG

Eigenschaften des Kegels:

2 Flächen:
1 Kreis, 1 Kreisausschnitt

1 Ecke

1 Kante

Volumenberechnung:

$$V = \frac{1}{3} \cdot \pi \cdot r^2 \cdot h$$

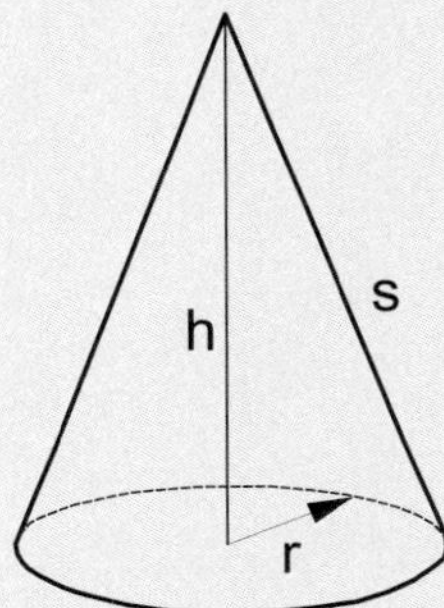

Mantel- & Oberflächenberechnung:

$$O = \pi \cdot r^2 + \pi \cdot r \cdot s$$

$$M = \pi \cdot r \cdot s$$

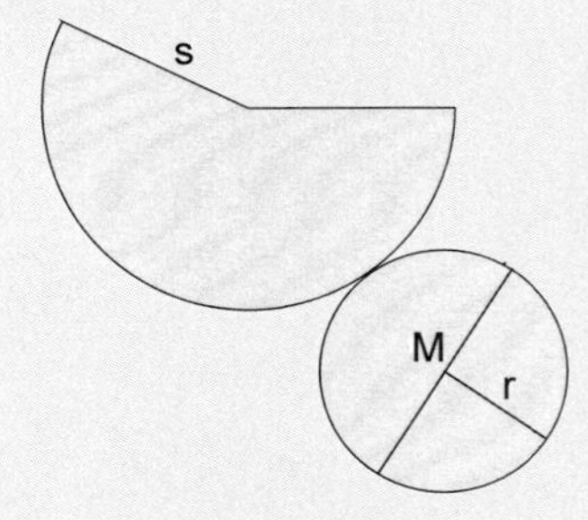

KOHL VERLAG EINFACHE GEOMETRISCHE ÜBUNGEN Flächen und Körper – Bestell-Nr. 15 013

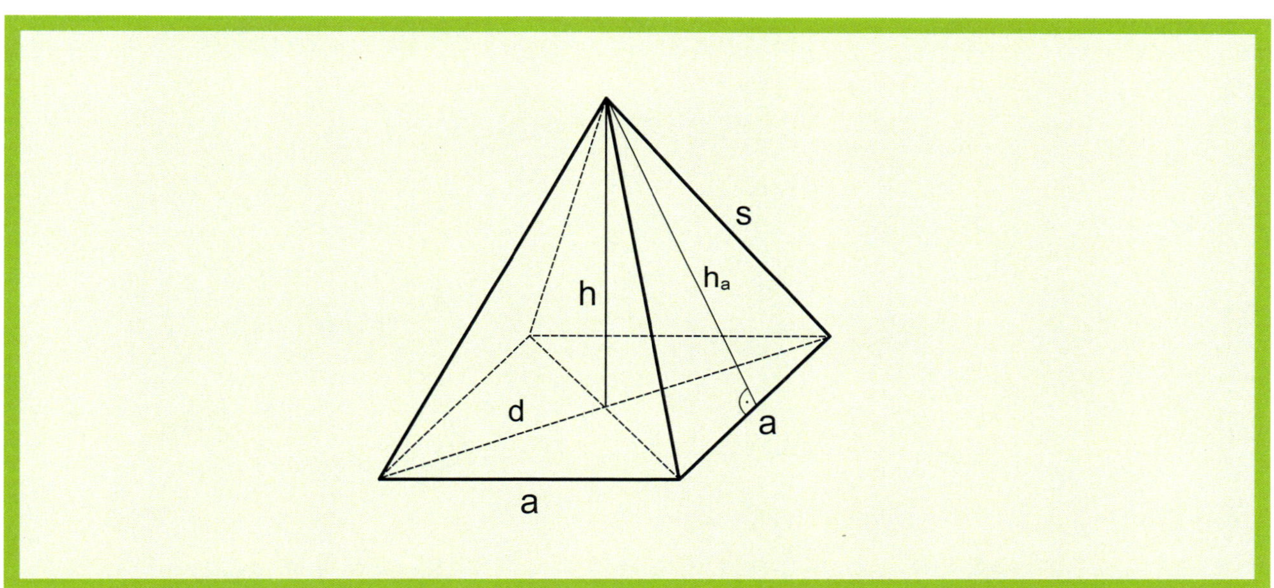
s
h
h_a
d
a
a

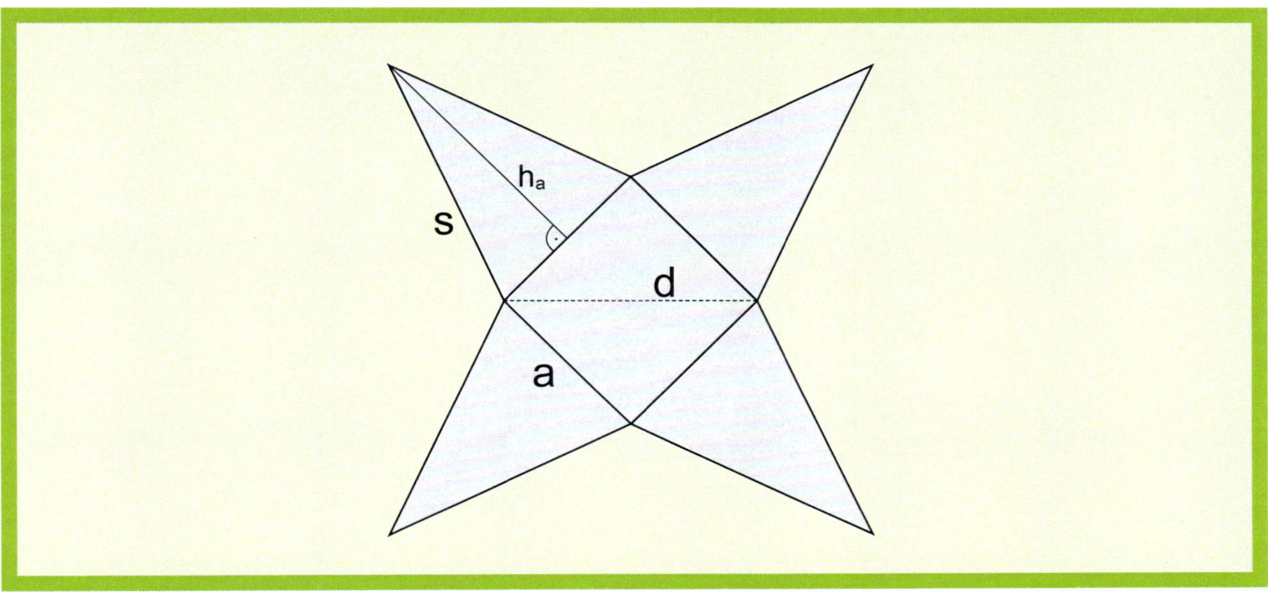
h_a
s
d
a

KOHL VERLAG

Eigenschaften der Pyramide:
(quadratische Pyramide)

5 Flächen:
4 Dreiecke, ein Quadrat

5 Ecken

8 Kanten

Volumenberechnung:

$$V = \frac{1}{3} \cdot a^2 \cdot h$$

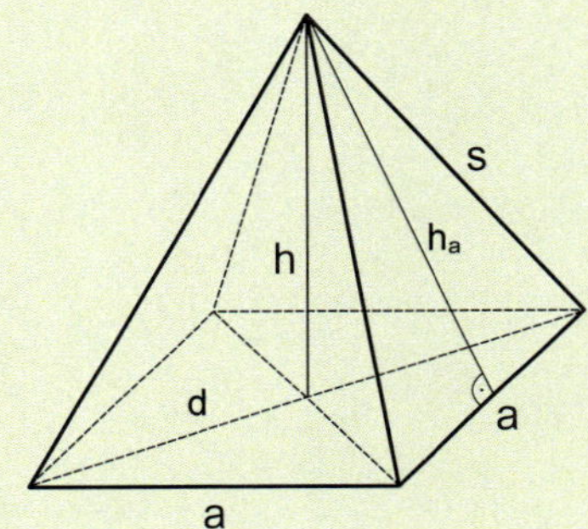

Mantel- & Oberflächenberechnung:

$$O = a^2 + 2a \cdot h_a$$

$$M = 2a \cdot h_a$$

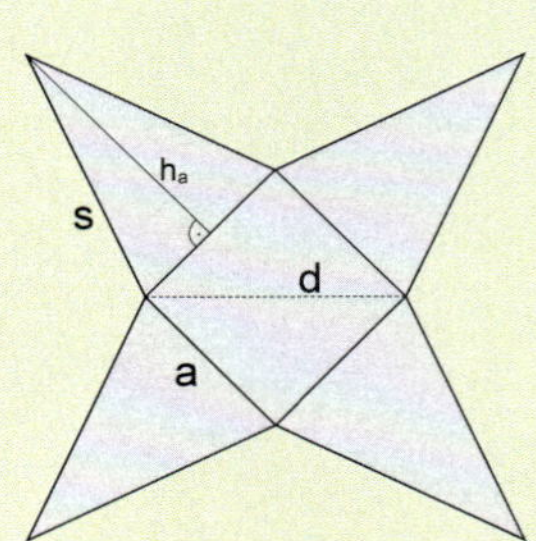

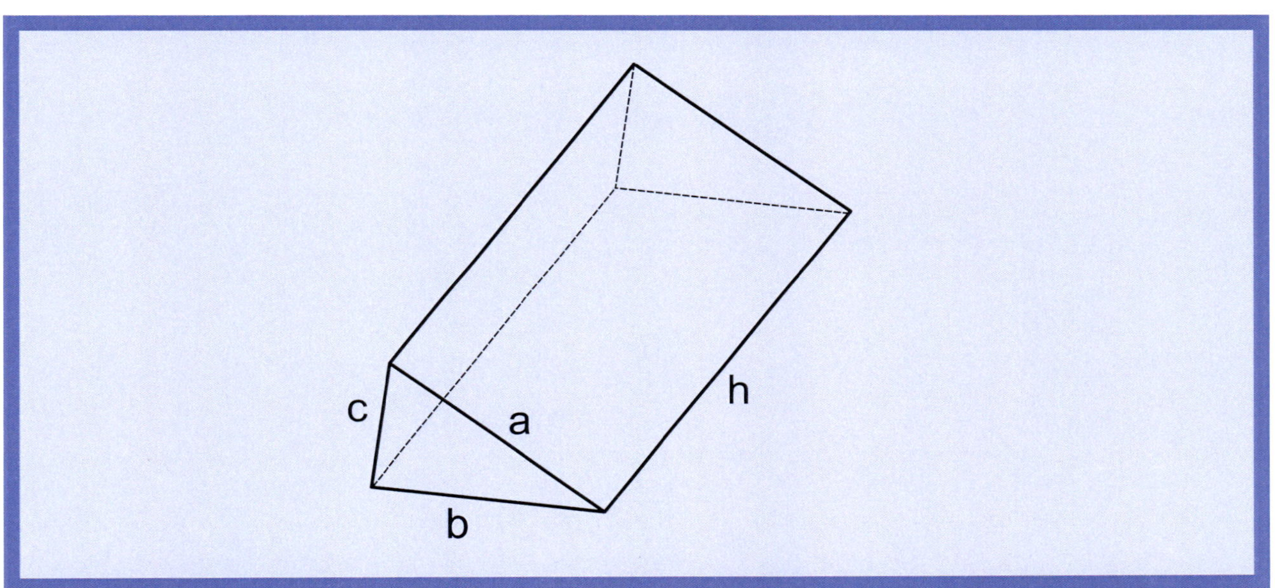

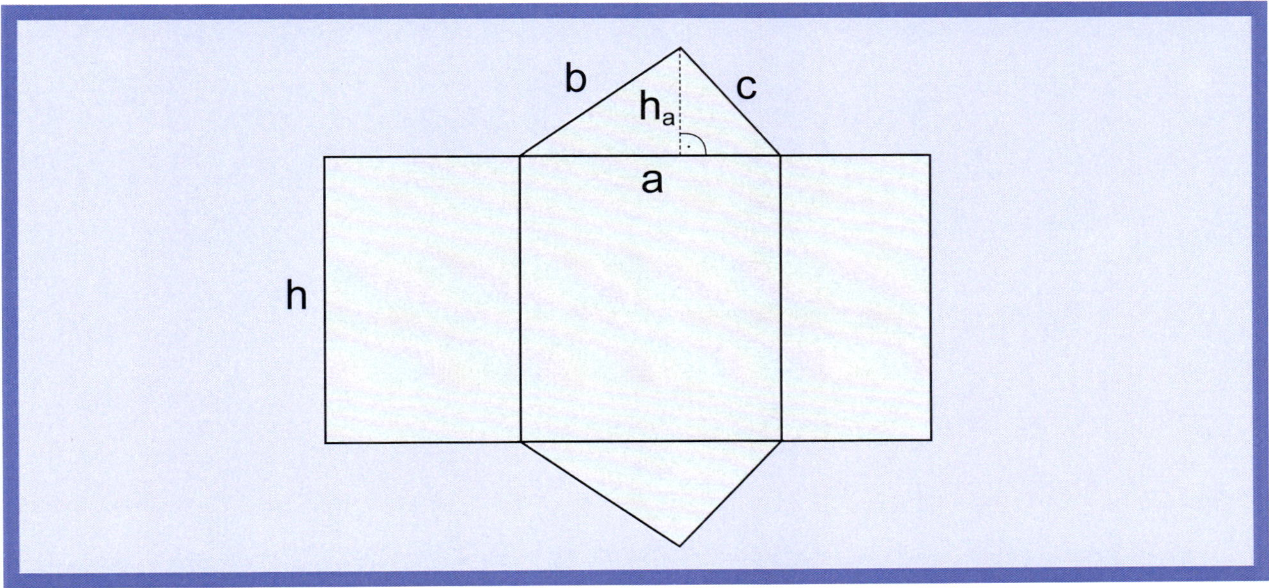

EINFACHE GEOMETRISCHE ÜBUNGEN
Flächen und Körper – Bestell-Nr. 15 013

Eigenschaften des Dreiecksprismas:
(Dreiecksäule)

5 Flächen:
2 Dreiecke, 3 Rechtecke

6 Ecken

9 Kanten

Volumenberechnung:

$$V = \frac{1}{2} a \cdot h_a \cdot h$$

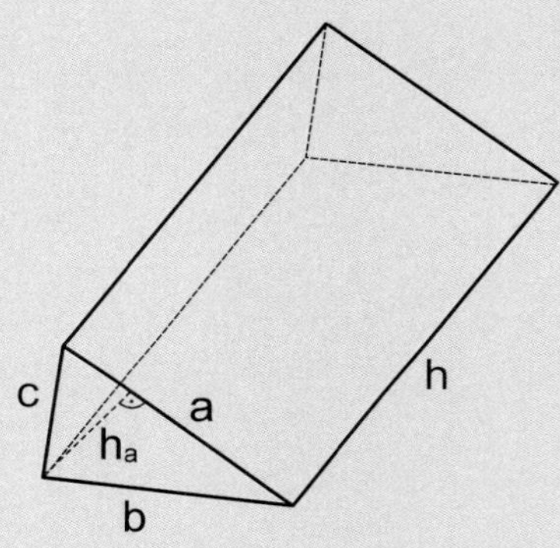

Mantel- & Oberflächenberechnung:

$$M = u \cdot h = (a + b + c) \cdot h$$

$$O = a \cdot h_a + u \cdot h$$

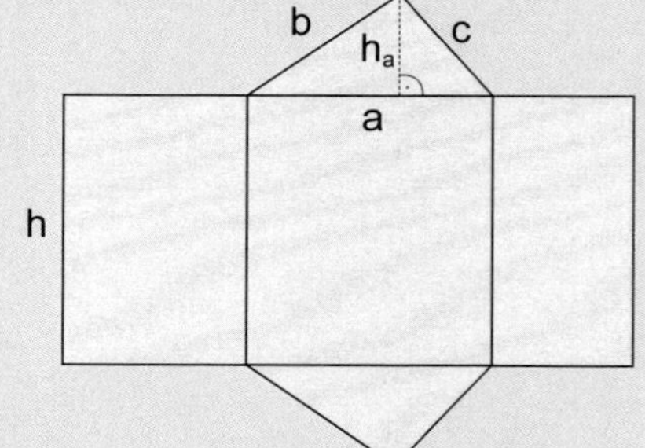

Eine Kugel hat kein Netz.
Dafür gibt es aber noch:

Eigenschaften der Kugel:

eine Fläche

keine Ecken

keine Kanten

Volumenberechnung:

$$V = \frac{4}{3} \cdot \pi \cdot r^3$$

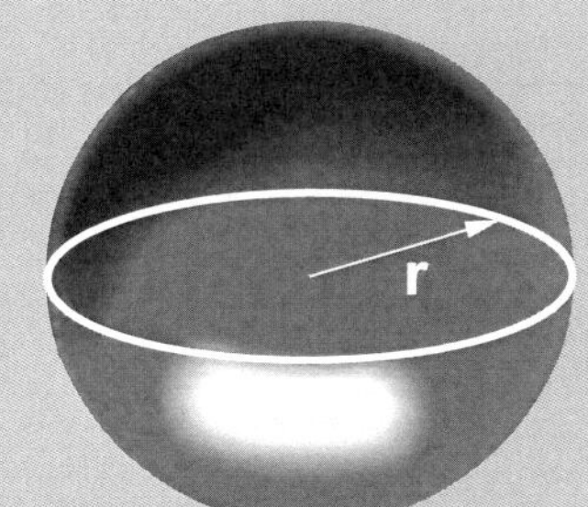

Oberflächenberechnung:

$$O = 4 \cdot \pi \cdot r^2$$

der Quader

der Würfel

der Zylinder

der Kegel

die Pyramide

das Prisma

die Kugel

KOHL VERLAG
EINFACHE GEOMETRISCHE ÜBUNGEN
Flächen und Körper – Bestell-Nr. 15 013

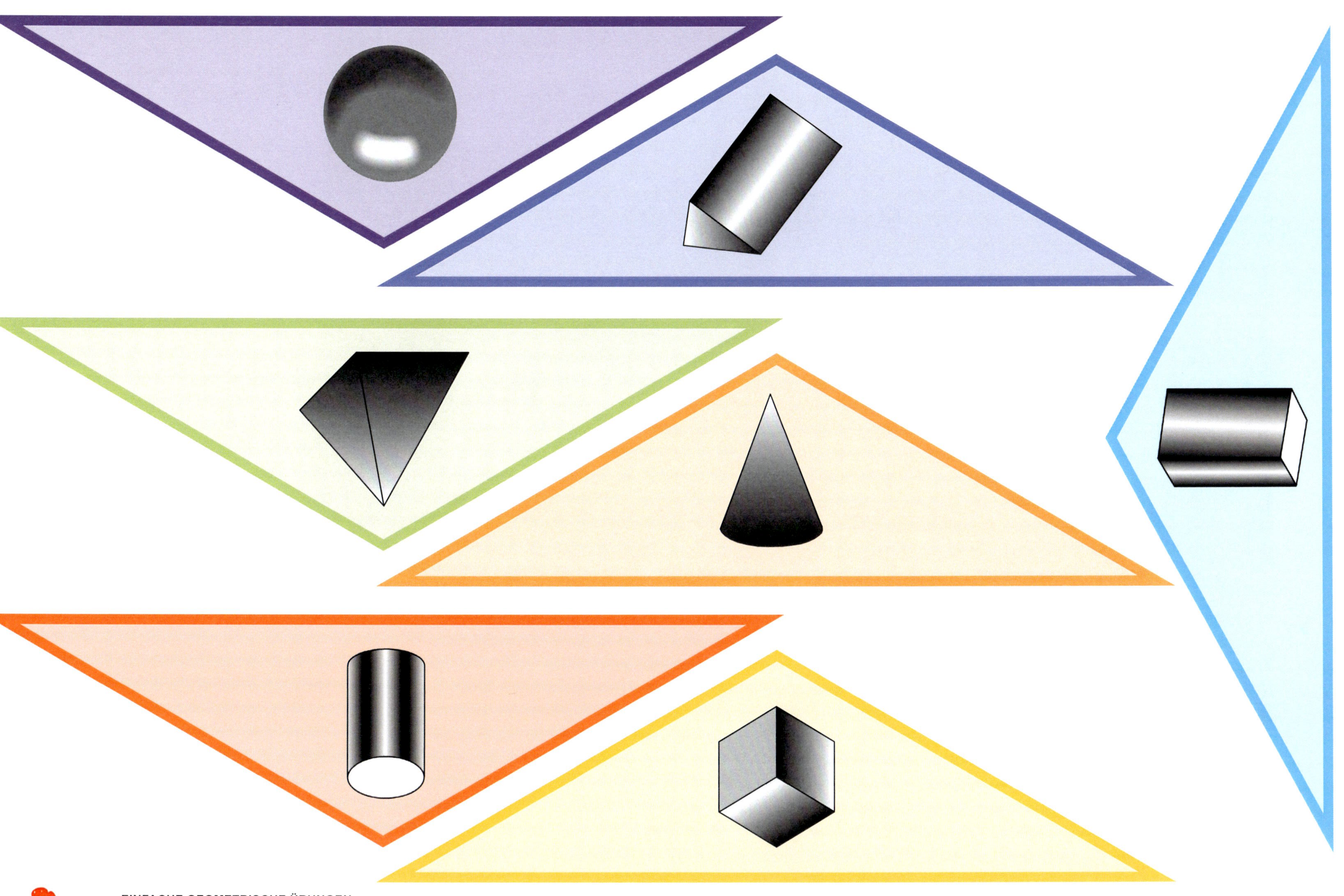

Zusammengesetzte Körper

Zusammengesetzte Körper

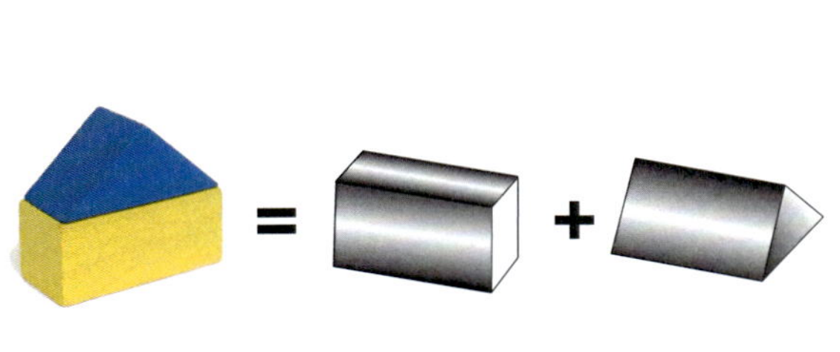

Das Haus setzt sich aus einem Quader und einem Dreiecksprisma zusammen.

Das Eis setzt sich aus einem Kegel und drei Kugeln zusammen.

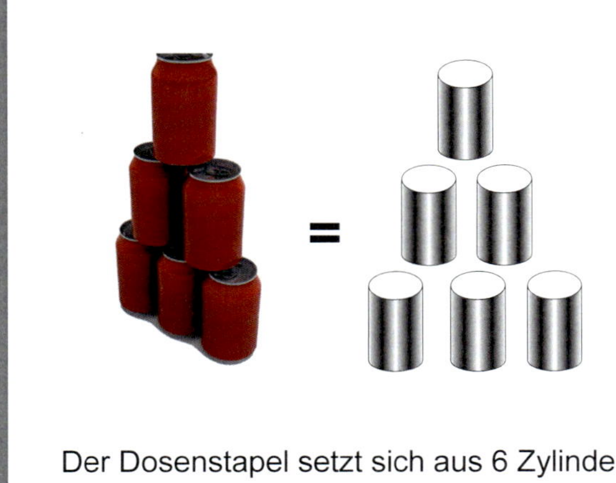

Der Dosenstapel setzt sich aus 6 Zylindern zusammen.

Die Schultüte setzt sich aus zwei Kegeln zusammen.

Die Spielfigur setzt sich aus einem Zylinder, einem Kegel und einer Kugel zusammen.

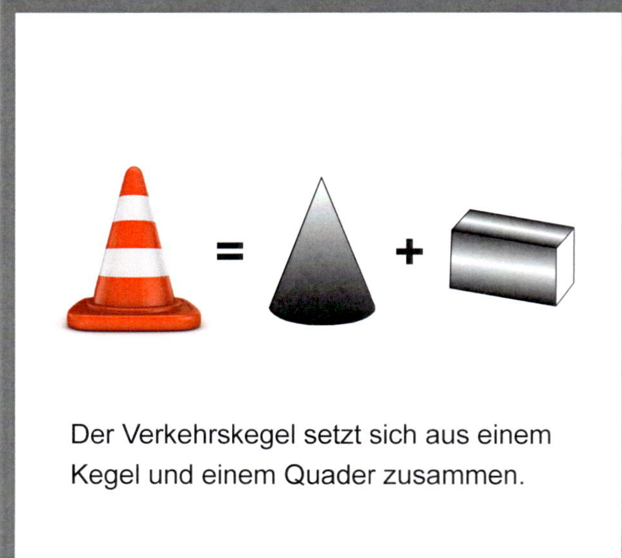

Der Verkehrskegel setzt sich aus einem Kegel und einem Quader zusammen.

Schrägbilder

Hier habe ich eine einfache Aufgabe für dich. Zeichne das Schrägbild nach, ohne ein Lineal oder Geodreieck zu benutzen. Den zweiten Versuch solltest du aus dem Gedächtnis zeichnen.

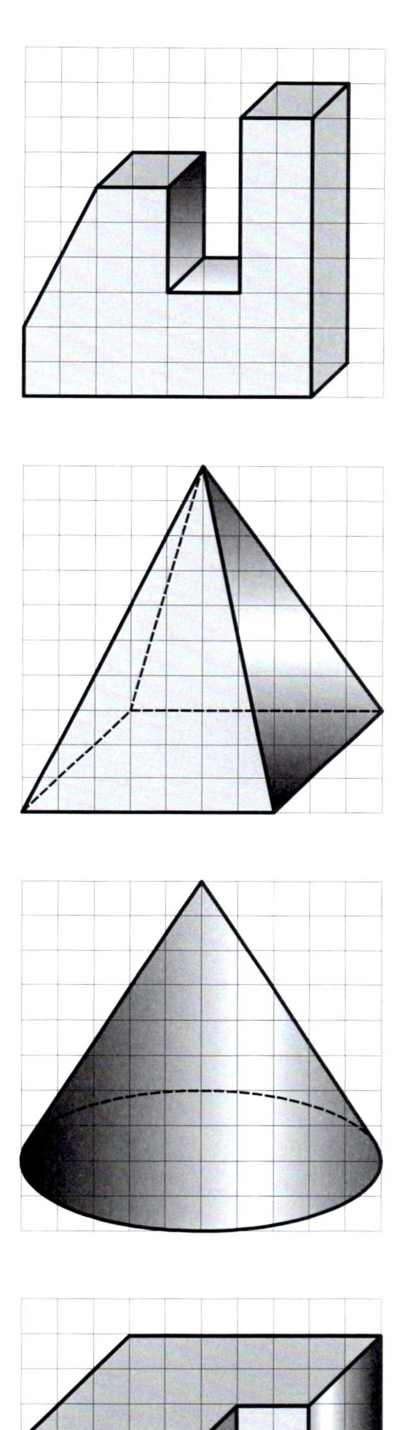

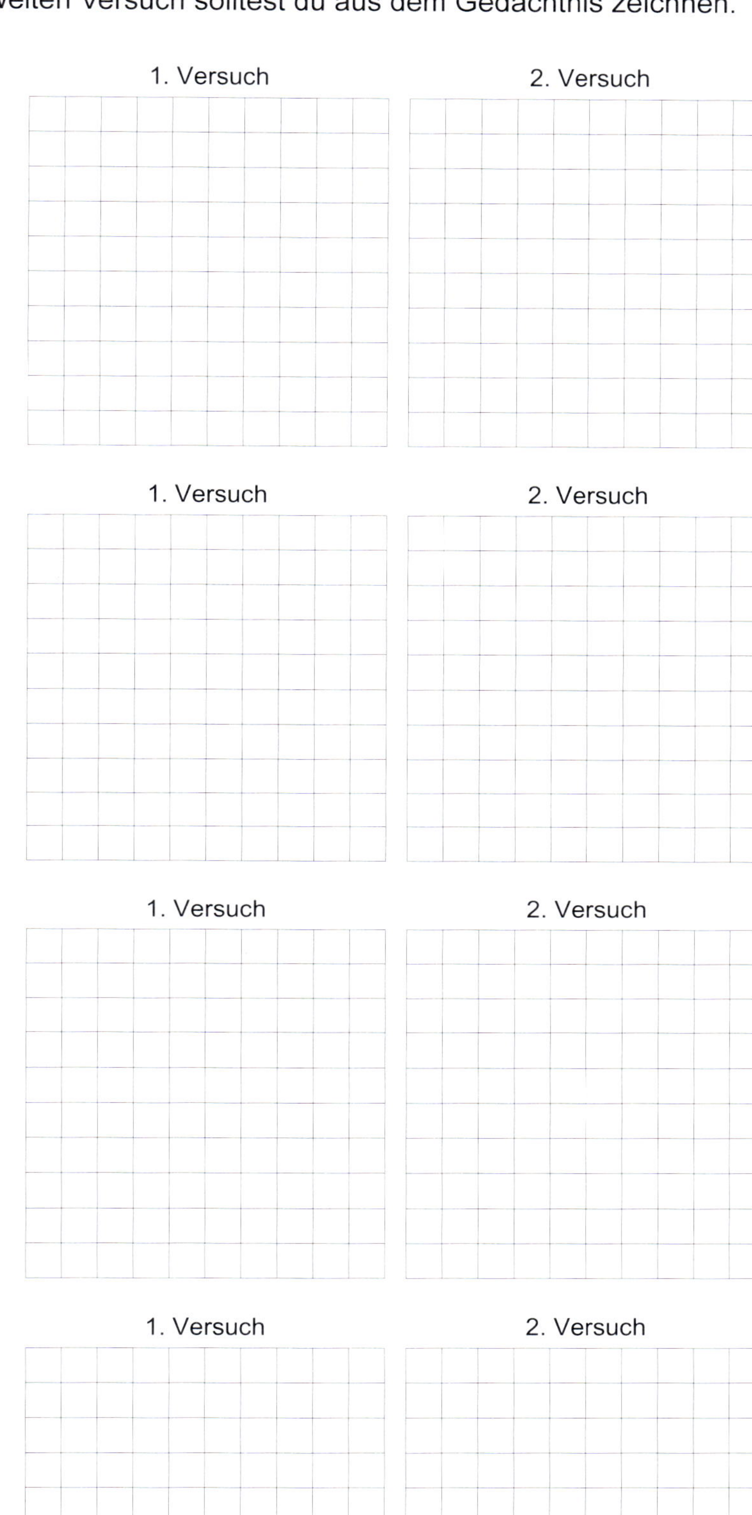

EINFACHE GEOMETRISCHE ÜBUNGEN
Flächen und Körper – Bestell-Nr. 15 013
KOHL VERLAG

Würfel zählen

Wie viele Würfel sind es?

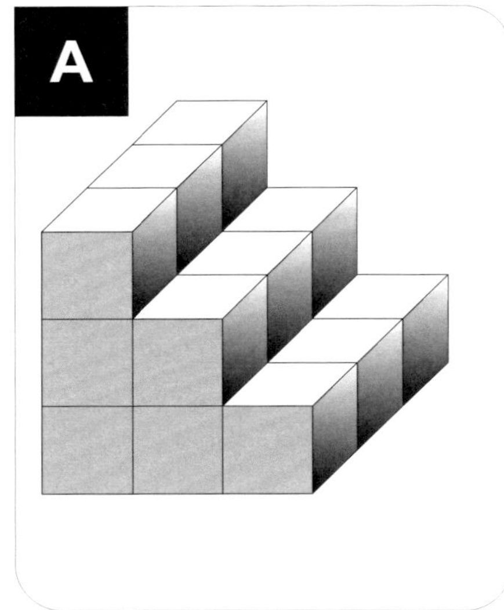

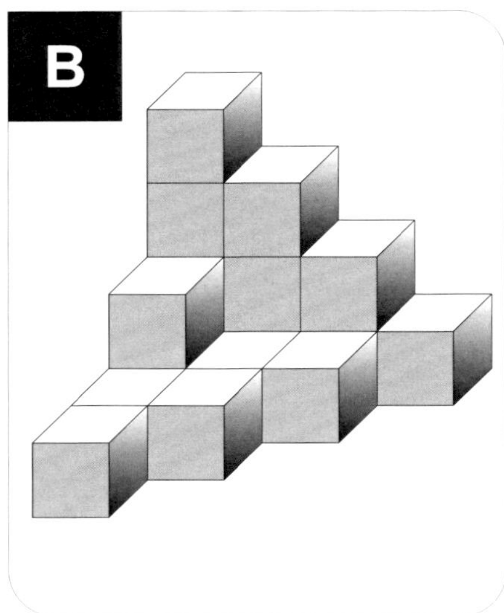

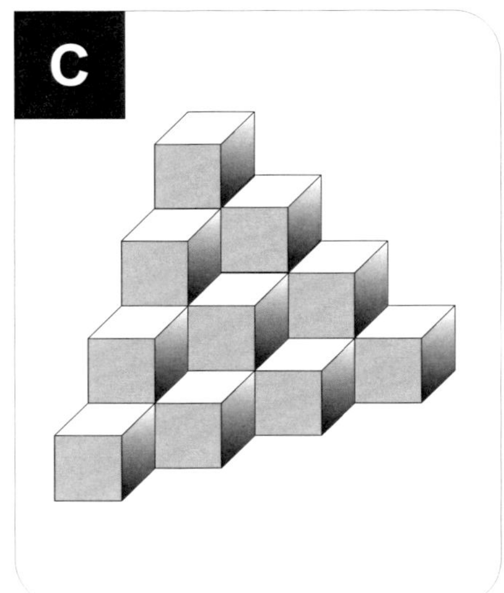

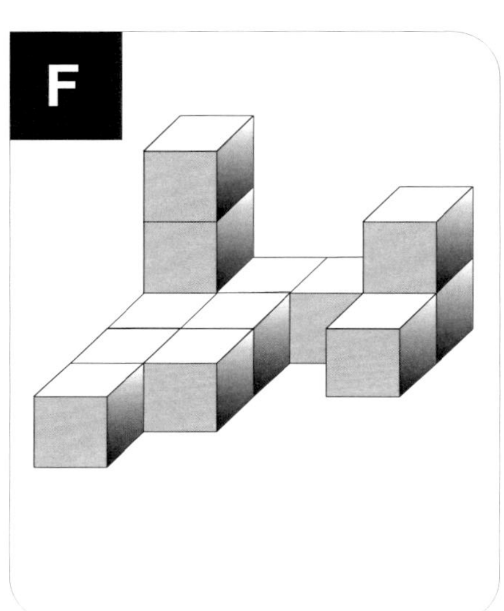

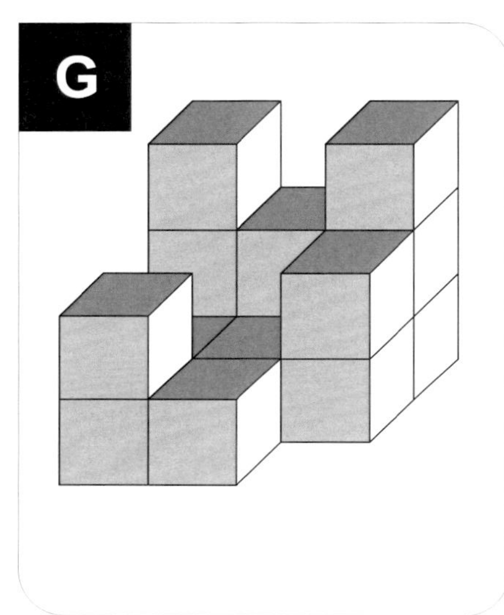

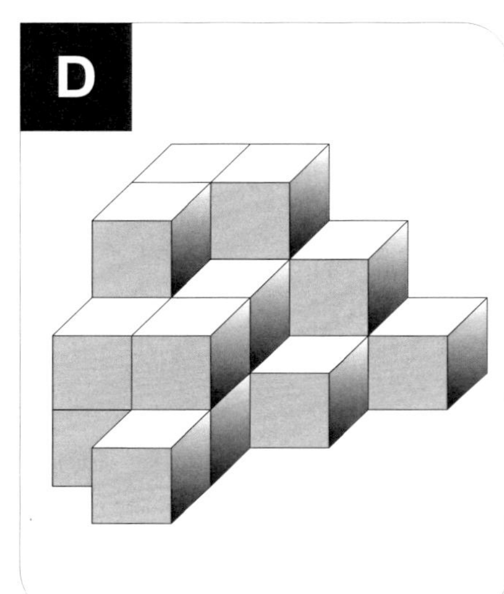

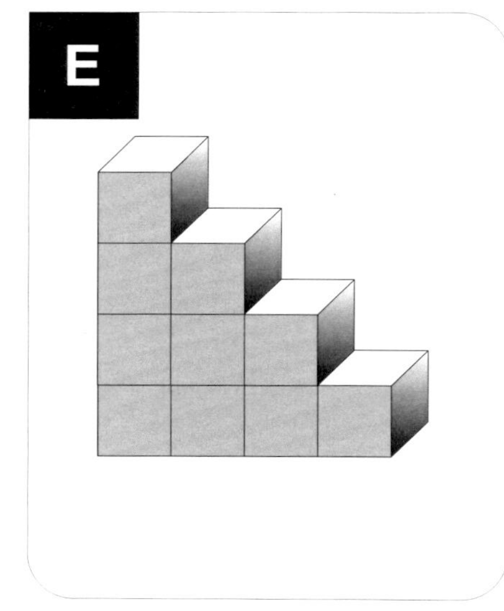

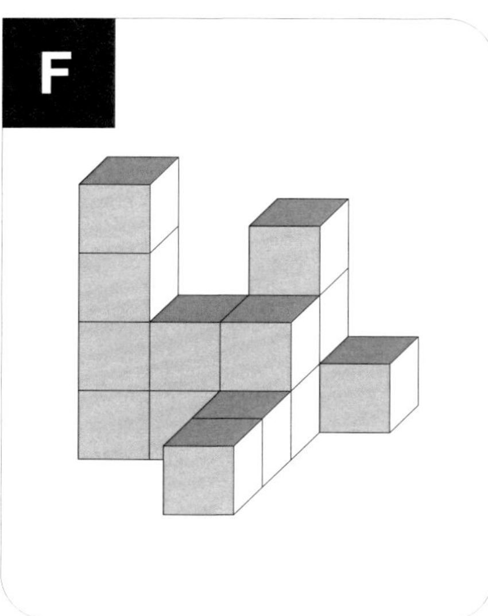

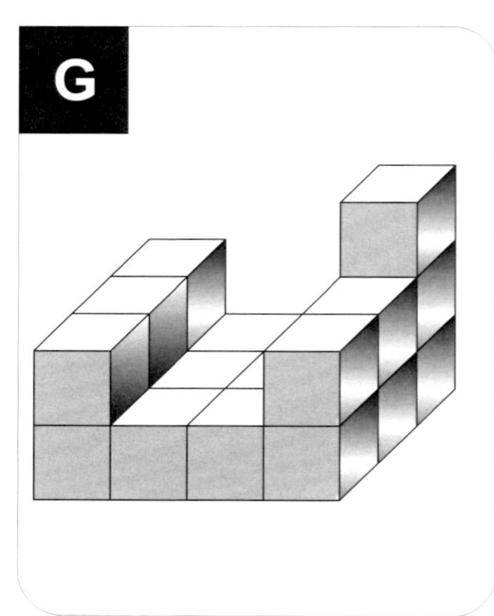

EINFACHE GEOMETRISCHE ÜBUNGEN
Flächen und Körper – Bestell-Nr. 15 013
KOHL VERLAG

Baupläne für Würfelgebäude

Wie sehen die Baupläne für die einzelnen Würfelgebäude aus? Ergänze und bestimme die Anzahl der Würfel, die benötigt werden.

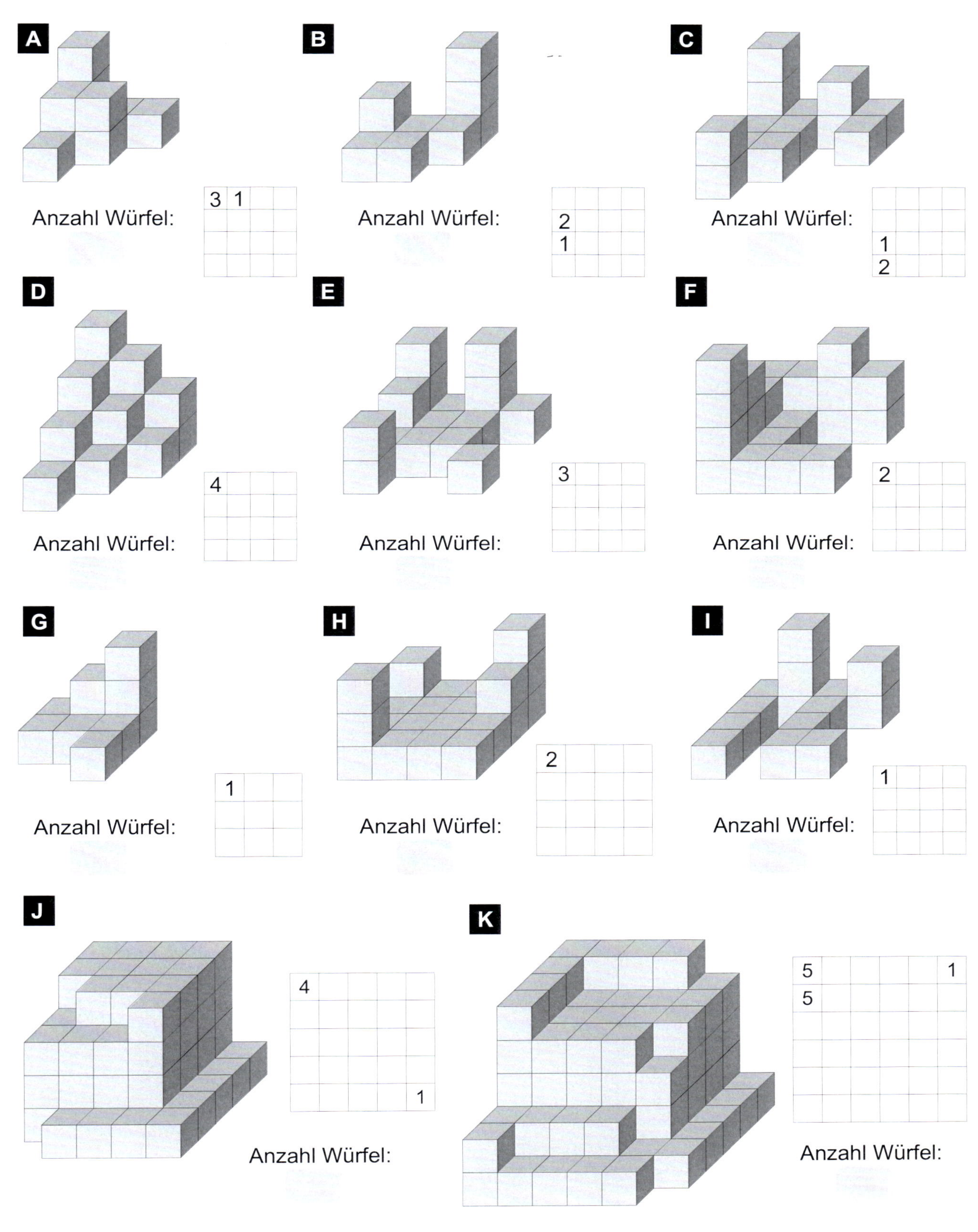

EINFACHE GEOMETRISCHE ÜBUNGEN
Flächen und Körper – Bestell-Nr. 15 013
KOHL VERLAG

Ansichten von Körpern

Wie sehen die einzelnen Körper von oben gesehen aus? Welche Ansicht gehört zu welchem Körper? Verbinde den entsprechenden Buchstaben mit der dazugehörigen Zahl.

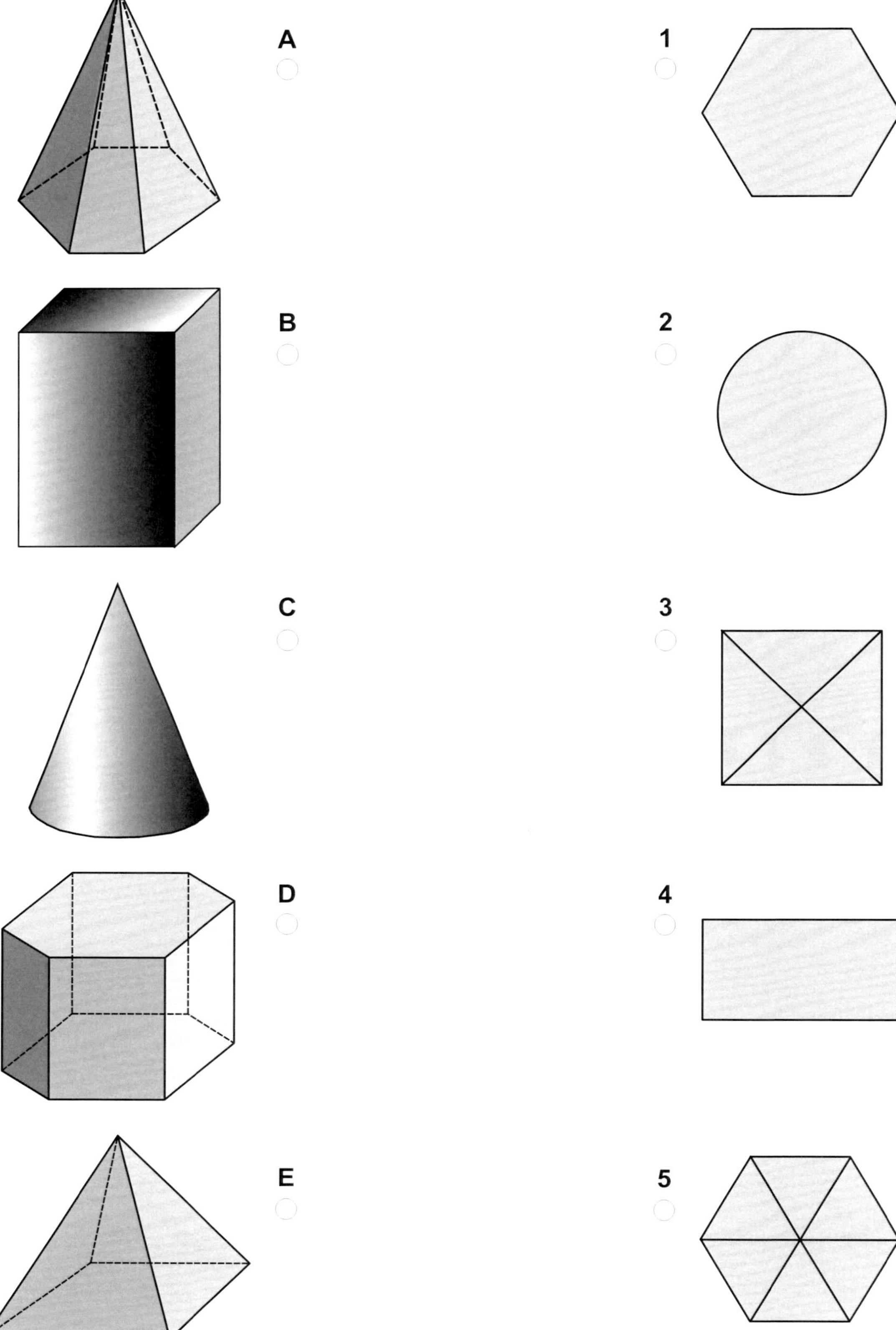

Geometrische Körper

A Welcher Körper wird gesucht? Verbinde entsprechend mit Linien und trage in die grauen Kästchen den Namen ein.

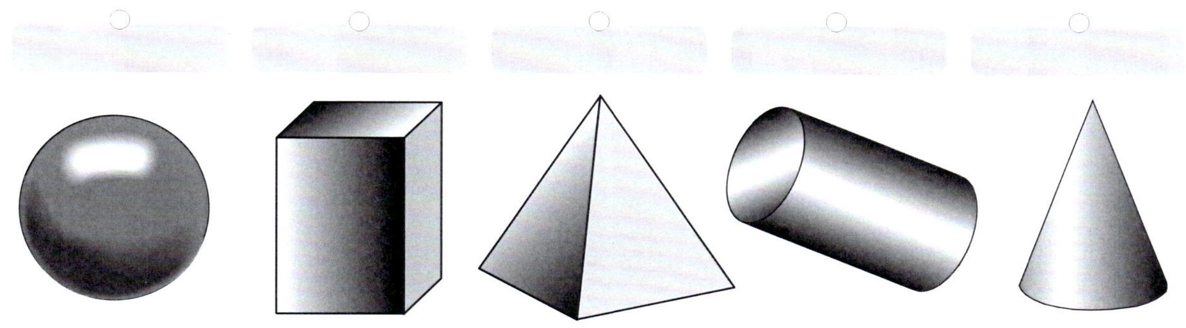

B Fülle die Tabelle aus.

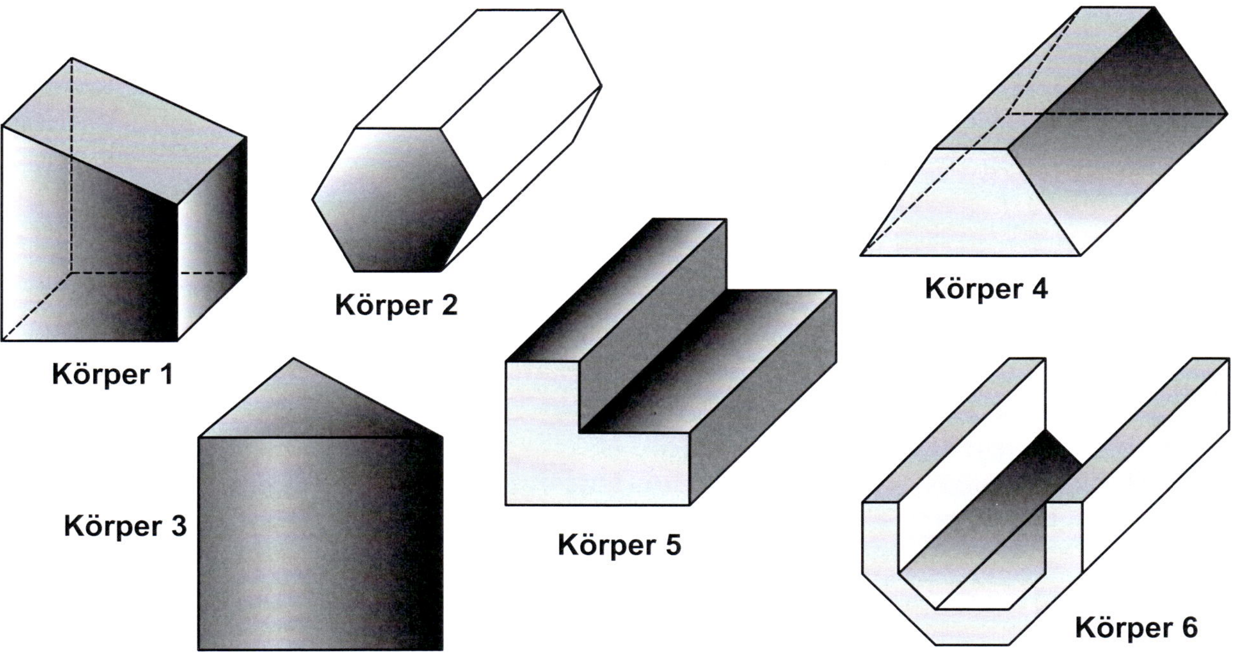

Anzahl	**Körper 1**	**Körper 2**	**Körper 3**	**Körper 4**	**Körper 5**	**Körper 6**
Ecken						
Kanten						
Flächen						

EINFACHE GEOMETRISCHE ÜBUNGEN
Flächen und Körper – Bestell-Nr. 15 013

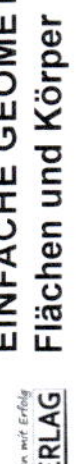

Würfel zählen

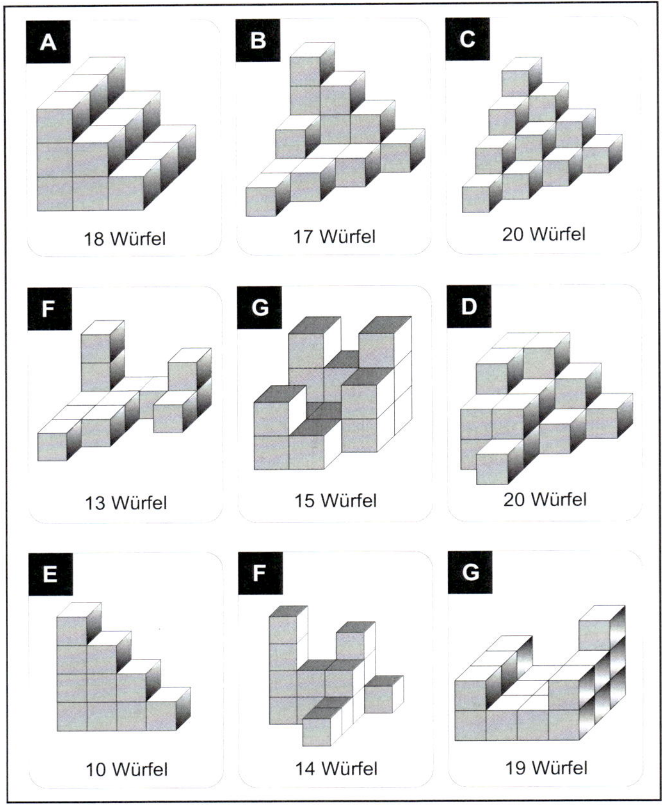

Baupläne für Würfelgebäude

Ansichten von Körpern

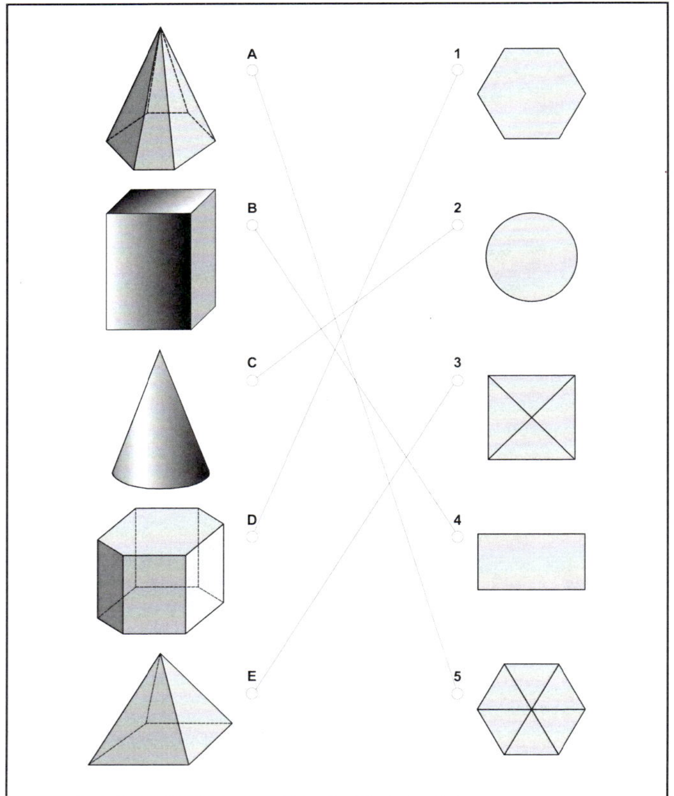

Geometrische Körper

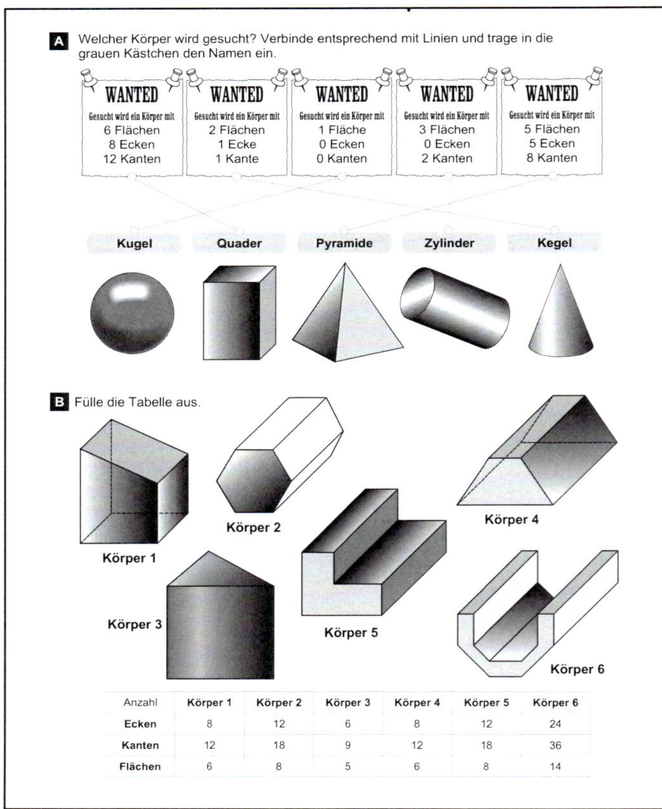

Anzahl	Körper 1	Körper 2	Körper 3	Körper 4	Körper 5	Körper 6
Ecken	8	12	6	8	12	24
Kanten	12	18	9	12	18	36
Flächen	6	8	5	6	8	14